Eignungsdiagnostik

Jetzt diesen Titel zusätzlich als E-Book downloaden und 70 % sparen!

Als Käufer dieses Buchtitels haben Sie Anspruch auf ein besonderes Kombi-Angebot: Sie können den Titel zusätzlich zum Ihnen vorliegenden gedruckten Exemplar für nur 30 % des Normalpreises als E-Book beziehen.

Der BESONDERE VORTEIL: Im E-Book recherchieren Sie in Sekundenschnelle die gewünschten Themen und Textpassagen. Denn die E-Book-Variante ist mit einer komfortablen Volltextsuche ausgestattet!

Deshalb: Zögern Sie nicht. Laden Sie sich am besten gleich Ihre persönliche E-Book-Ausgabe dieses Titels herunter.

In 3 einfachen Schritten zum E-Book:

❶ Rufen Sie die Website **www.beuth.de/e-book** auf.

❷ Geben Sie hier Ihren persönlichen, nur einmal verwendbaren E-Book-Code ein:

26208602C6B3292

❸ Klicken Sie das „Download-Feld" an und gehen dann weiter zum Warenkorb. Führen Sie den normalen Bestellprozess aus.

Hinweis: Der E-Book-Code wurde individuell für Sie als Erwerber dieses Buches erzeugt und darf nicht an Dritte weitergegeben werden. Mit Zurückziehung dieses Buches wird auch der damit verbundene E-Book-Code für den Download ungültig.

Eignungsdiagnostik

Harald Ackerschott, Norbert Gantner, Günter Schmitt

Eignungsdiagnostik

Qualifizierte Personalentscheidungen nach DIN 33430

1. Auflage 2016

Herausgeber:
DIN Deutsches Institut für Normung e. V.

Beuth Verlag GmbH · Berlin · Wien · Zürich

Herausgeber: DIN Deutsches Institut für Normung e. V.

© 2016 Beuth Verlag GmbH
Berlin · Wien · Zürich
Am DIN-Platz
Burggrafenstraße 6
10787 Berlin

Telefon: +49 30 2601-0
Telefax: +49 30 2601-1260
Internet: www.beuth.de
E-Mail: kundenservice@beuth.de

Das Werk einschließlich aller seiner Teile ist urheberrechtlich geschützt. Jede Verwertung außerhalb der Grenzen des Urheberrechts ist ohne schriftliche Zustimmung des Verlages unzulässig und strafbar. Das gilt insbesondere für Vervielfältigungen, Übersetzungen, Mikroverfilmungen und die Einspeicherung in elektronische Systeme.

Die im Werk enthaltenen Inhalte wurden von Verfasser und Verlag sorgfältig erarbeitet und geprüft. Eine Gewährleistung für die Richtigkeit des Inhalts wird gleichwohl nicht übernommen. Der Verlag haftet nur für Schäden, die auf Vorsatz oder grobe Fahrlässigkeit seitens des Verlages zurückzuführen sind. Im Übrigen ist die Haftung ausgeschlossen.

© für DIN-Normen   DIN Deutsches Institut für Normung e. V., Berlin.

Titelbild: © Pressmaster, Benutzung unter Lizenz von shutterstock.com
Satz: B & B Fachübersetzergesellschaft mbH, Berlin
Druck: COLONEL, Kraków
Gedruckt auf säurefreiem, alterungsbeständigem Papier nach DIN EN ISO 9706

ISBN   978-3-410-26208-4
ISBN (E-Book)   978-3-410-26209-1

Autorenporträts

Harald Ackerschott ist Diplom-Psychologe und seit 1988 geschäftsführender Gesellschafter der Harald Ackerschott GmbH, die weltweit Klienten zu Personalentscheidungen berät.

Persönlich verantwortete er viele tausend Potenzialanalysen, Executive Assessments und Management Audits. Er ist Leitautor des abcÎ, eines mehrsprachig entwickelten psychometrischen Verfahrens, das bewährte Methoden mit innovativen Datenanalysen verbindet und Personalentscheidungen effizient unterstützt.

Seit drei Jahren ist Harald Ackerschott bei DIN Obmann des Arbeitsausschusses „Personalmanagement". Daneben war und ist er in vielen nationalen und internationalen Ausschüssen und Gremien zur Entwicklung von Qualitätsstandards aktiv. Er ist Gründungsmitglied im Normenausschuss Eignungsdiagnostik, der kürzlich die Neufassung der DIN 33430 erarbeitet hat.

Norbert S. Gantner ist Diplom-Psychologe. Seit 1989 ist er Gründungsgesellschafter und Geschäftsführer der teme Entwicklung und Anwendung psychologischer Test- und Messverfahren GmbH in Wien. Diese fungiert als Methodenzentrale eines europaweit tätigen Berater-Netzwerkes.

Norbert S. Gantner unterstützt Unternehmen und Behörden beim Auf- und Ausbau einer maßgeschneiderten Personalauswahl- und Personalentwicklungsarchitektur, begleitet Umstrukturierungsmaßnahmen und Organisationsentwicklungsprojekte. Daneben liegt sein persönlicher Beratungs-Fokus im HR Performance & Risk Management sowie im Coaching von Unternehmern und Führungskräften. Bei allen Projekten ist sein Leitmotiv, die Erkenntnisse der wissenschaftlichen Psychologie für die Praxis nutzbar zu machen. Dabei fühlt er sich insbesondere der Qualitätssicherung in der beruflichen Eignungsdiagnostik verpflichtet.

Er ist seit Beginn Mitglied im Normenausschuss Eignungsdiagnostik und hat bereits bei der DIN 33430:2002-06 maßgeblich mitgewirkt.

Prof. Dr. Günter Schmitt ist seit 1968 Diplom-Psychologe. Von 1968 bis 1970 war er als Anstaltspsychologe und Gerichtsgutachter im Justizvollzug des Landes Rheinland-Pfalz tätig. Danach leitete er eine Justizvollzugsanstalt, bevor er 1980 als Hochschullehrer an die Universität Duisburg-Essen wechselte. Zugleich war er bis 1984 Leiter des Kriminologischen Dienstes des Landes Rheinland-Pfalz.

2002 bis 2005 leitete er das Projekt „Diagnostik" im Rahmen des EU-Programms „MABIS-NeT"; er entwickelte ein justizinternes Verfahren zur Berufseignungsdiagnostik bei Inhaftierten.

Seit dem Start im Jahr 1996 ist er bei DIN stellvertretender Obmann im Normenausschuss Eignungsdiagnostik und war von 2007 bis 2011 deutsches Mitglied im ISO-Ausschuss ISO/PC 230 (International Standard for Assessment in Work and Organizational Settings).

Vorwort

Eignungsdiagnostik zur Unterstützung von Personalentscheidungen ist heutzutage auch ein Wirtschaftsfeld mit steigenden Umsatzzahlen und weiterhin steigendem Bedarf. Deshalb wird der eignungsdiagnostische Markt (auch) von wirtschaftlichen Interessen getrieben. Eignungsdiagnostische Ergebnisse und daraus abgeleitete Eignungsbeurteilungen beeinflussen aber nicht nur Lebensläufe und berufliche Schicksale vieler Einzelner. Von den richtigen Personalentscheidungen hängt letztendlich die Leistungsfähigkeit des Gesamtunternehmens ab. Dabei wirken diese Entscheidungen langfristig. Die Effekte, auch falscher oder schlechter Entscheidungen, sind nur selten schnell sichtbar.

Trotz ihrer Bedeutung, vielleicht auch wegen des verzögerten Feedbacks und der Möglichkeit, nach ungünstigen Entscheidungen und einem handwerklich mangelhaften Vorgehen immer Ausreden finden zu können, ist die eignungsdiagnostische Praxis in deutschen Unternehmen eher durch ideologische Glaubenssätze („Ich glaube nicht an Tests!"), persönliche Erfahrungen („Ich hatte da mal mit einem Grafologen zu tun, seine Texte waren sehr überzeugend ...") und veraltete Schemata geprägt (großer Zeitaufwand beim Sichten von Lebensläufen, Zeugnissen und Anschreiben; Interviews mit hohem Redeanteil der Interviewer etc.).

Im Sinne der Initiatoren der DIN 33430, die den Personalentscheidern in Deutschland Qualitätsmaßstäbe für Verfahren und ihren Einsatz bei beruflichen Eignungsentscheidungen zur Verfügung stellen wollten, haben wir, die Autoren dieses Kommentars, seit der ersten Stunde an der Erarbeitung der Norm mitgewirkt. Wir sind maßgeblich sowohl für die Inhalte der DIN 33430:2002-06 als auch für die aktuell vorliegende Überarbeitung der DIN 33430:2016-07 mitverantwortlich. Da eine Norm die Anwendungsrealität immer nur verkürzt und kondensiert abbilden kann, stellen wir jetzt mit dem Kommentar eine Hilfe für das Verständnis und den Einsatz im Alltag zur Verfügung.

Insbesondere möchten wir zeigen, dass die Anwendung der Norm für fast jede Organisation sowohl Effizienzsteigerung im Prozess als auch Qualitätssteigerung im Ergebnis bedeuten kann.

Dabei steht die Qualität von Eignungsbeurteilungen bei gleichzeitig praktischer Umsetzbarkeit im Fokus. Der Kerngedanke ist dabei die Nutzung von wissenschaftlichen Erkenntnissen, denn es geht um Menschen und diese sind Gegenstand der Wissenschaft Psychologie. Nach dem Motto „Es gibt nichts Praktischeres als eine gute Theorie" hat uns dieser Kurt Lewin zugeschriebene Leitsatz auch beim Schreiben dieses Kommentars die Richtung aufgezeigt.

Denn die Wissenschaft bietet einen noch weitgehend nicht ausgeschöpften Fundus an Wissen und Erkenntnissen, die Personalentscheidungen im Ergebnis entscheidend verbessern und im Prozess wesentlich straffen können.

Harald Ackerschott, Norbert S. Gantner, Prof. Dr. Günter Schmitt

Aus Gründen der besseren Lesbarkeit verwenden wir im Folgenden ausschließlich die männliche Form, obgleich sich alle Angaben auf Angehörige beider Geschlechter beziehen und damit keinerlei Wertung verbunden ist.

Inhaltsverzeichnis

1	Einführung	1
2	Die Bedeutung von Eignungsentscheidungen	4
3	DIN 33430: Nutzen, Anwendung, Sicherheit und Qualität	7
4	Eignungsdiagnostik als Kernfunktion von Personalmanagement	16
4.1	Aufbau, Struktur und Planung des Gesamtprozesses	17
4.1.1	Auftragsklärung	17
4.1.2	Anforderungsanalyse	23
4.1.3	Planung des Gesamtprozesses	31
4.2	Anforderungen an Verfahren	39
4.2.1	Dokumentenanalyse: Lebensläufe, Bewerbungsschreiben, Zeugnisse, Internetquellen	47
4.2.2	Leistungstests und andere messtheoretisch fundierte Verfahren	53
4.2.3	Interviews	87
4.2.4	Arbeitsproben und situative Verfahren	103
4.2.5	Persönlichkeitsfragebogen	109
4.2.6	Stichworte: Assessment-Center, Management-Audit, Management-Appraisal	112
4.3	Auswahl und Zusammenstellung von Verfahren	114
4.4	Umsetzung des eignungsdiagnostischen Prozesses	126
4.5	Auswertung, Interpretation der Ergebnisse und Urteilsbildung	133
4.6	Dokumentation des Vorgehens	140
4.7	Evaluation	143
5	**Verantwortlichkeiten und Rollen**	147
5.1	Der Auftraggeber	147
5.2	Fachliche Experten für die Anforderungen	147
5.3	Assistenzkräfte	148
5.4	Verantwortlicher Eignungsdiagnostiker und Eignungsdiagnostiker	149
5.5	Beobachter in situativen Übungen	154
5.6	Co-Interviewer bzw. Beobachter in einem Interview	156
6	**Rechtliche Rahmenbedingungen**	158
7	**Make or buy? Anbieter bewerten, Ausschreibungen vornehmen und Verfahren nutzen**	164

8 Implementierung 172

Literaturverzeichnis 175

Abbildungsverzeichnis 177

Stichwortverzeichnis 178

1 Einführung

Die DIN 33430 hat die berufsbezogene Eignungsdiagnostik und damit einen besonders erfolgskritischen Unternehmensgegenstand zum Inhalt. In einer Welt, in der Produktzyklen immer kürzer werden, Unternehmensideen immer schneller nachgeahmt werden können und Mitarbeiter eine höhere Bereitschaft zum Wechseln des Arbeitgebers haben als je zuvor, werden die Motivation, die Leistungsfähigkeit und die Bindung der Mitarbeiter an „ihre" Organisation zu immer wichtigeren Erfolgsfaktoren. Damit rückt eine möglichst hohe Passung zwischen Motivations- und Leistungsprofil der Mitarbeiter einerseits und dem Anforderungsprofil des jeweiligen Tätigkeitsbereichs andererseits ins Zentrum der organisatorischen Gestaltungsaufgaben.

Wenn man diese Gedanken vor Unternehmern oder auf Personal-Kongressen äußert, wird man fast ausschließlich Kopfnicken ernten, ggf. auch ein gelangweiltes Gähnen angesichts der vermeintlichen Banalität dieser Aussage. Wer nun glaubt, dass es – ähnlich wie beim Management-Knowhow – ein breit gestreutes Fachwissen über den „Stand der Wissenschaft und Technik" der beruflichen Eignungsdiagnostik und damit des zugrunde liegenden wissenschaftlichen Fachs gäbe, wird enttäuscht. Er wird überrascht feststellen, dass die Psychologie es bisher weitgehend versäumt hat, ihren Wissensstand zu diesem Thema erfolgreich zu kommunizieren und in handhabbaren Instrumenten für Screening, Auswahl und Platzierung von Mitarbeitern nicht nur wenigen besonders Kundigen zur Verfügung zu stellen, sondern mit einer breiten Basis von Human Resources- und Personalverantwortlichen zu teilen.

Die DIN 33430 ist ein wichtiger Schritt, um die so erfolgskritische berufliche Eignungsdiagnostik in Deutschland breiter aufzustellen. Sie fasst den Konsens von Professoren und Praktikern aus Anwendung und Dienstleistung über eine wissenschaftlich gesicherte und in der Praxis bewährte Eignungsdiagnostik zusammen.

Der vorliegende Kommentar möchte die Norm noch näher an die praktische Anwendung im eignungsdiagnostischen Prozess heranrücken und ordnet deshalb die Normkapitel in einen typischen Anwendungszusammenhang ein. Die Gliederung dieses Kommentars folgt daher dem Gesamtprozess der Eignungsdiagnostik im praktischen Einsatz mit dem Fokus auf der Auswahl von Mitarbeitern. Der Kommentar fasst die jeweils relevanten Kapitel der Norm so zusammen, dass der Leser die Anforderungen an jeden Prozessschritt mit erläuternden und ergänzenden Kommentaren auf einen Blick zur Verfügung hat.

Dem Gesamtprozess der Eignungsdiagnostik folgt eine Betrachtung der Verantwortlichkeiten und Rollen. Des Weiteren erhält der Leser Hinweise, wie er unterschiedliche Anbieter von Dienstleistungen und insbesondere messtheo-

EIGNUNGSDIAGNOSTIK

retisch fundierte Verfahren im Sinne der Norm bewerten und Ausschreibungen sinnvoll gestalten kann sowie Hinweise zu rechtlichen Rahmenbedingungen. Aus der langjährigen Praxiserfahrung der Autoren stammende Empfehlungen für eine nachhaltige Implementierung eines qualitätsgesicherten eignungsdiagnostischen Prozesses runden den Kommentar ab.

> **HINWEIS**
>
> Den jeweiligen Kommentarkapiteln werden die entsprechenden Texte der Norm zugeordnet, so dass insgesamt die komplette Norm zitiert und kommentiert ist. Alle Zitate aus der Norm DIN 33430:2016-07 sind grau hinterlegt.

Der Aufbau des Kommentars ist in der folgenden Grafik visualisiert:

Abbildung 1: Gliederung des Kommentars zur DIN 33430

1 Einführung

Demgegenüber stellt die sich Gliederung der Norm so dar:

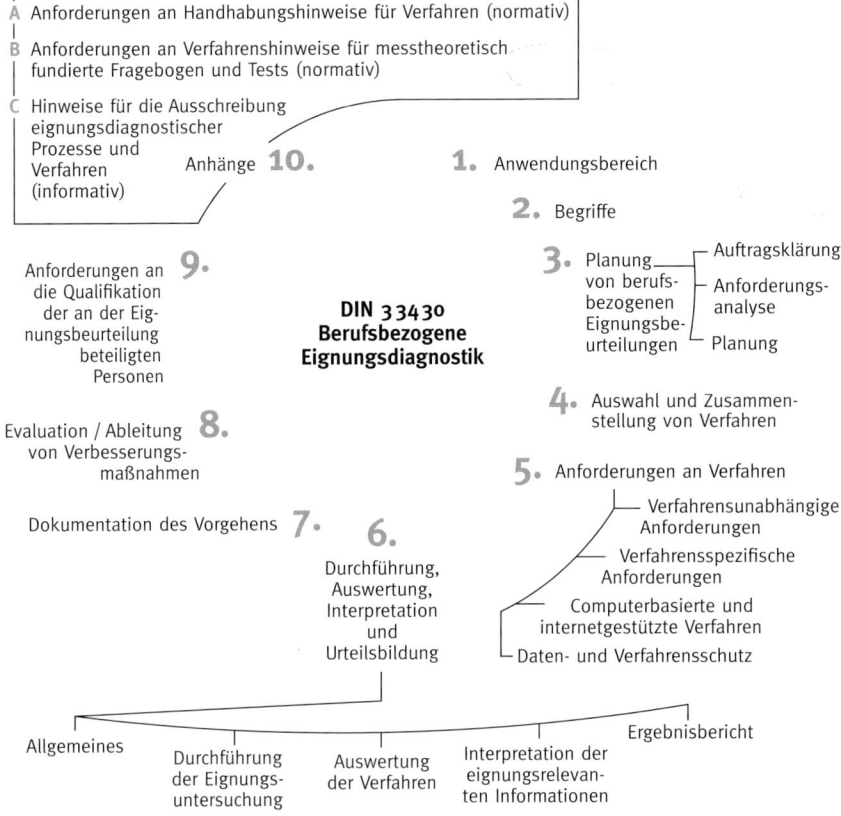

Abbildung 2: Gliederung der Norm DIN 33430

Im Kommentar gibt es an einigen Stellen auch Hinweise auf die Vorgängerversion der Norm, die DIN 33430:2002-06. Wann immer von der DIN 33430 ohne zusätzlichen Hinweis die Rede ist, ist die aktuelle, hier kommentierte Norm DIN 33430:2016-07 gemeint.

2 Die Bedeutung von Eignungsentscheidungen

Eignungsentscheidungen begleiten das Leben jedes Einzelnen, sie beeinflussen kleine wie große Organisationen und manchmal sogar unsere Gesellschaft als Ganzes. Unsere Eignung[1] wird beurteilt oder festgestellt und wir fällen selbst Urteile über andere. Ist ein Kind für die höhere Schule geeignet, ein Handwerker fähig, seinen Beruf selbstständig auszuüben und junge Menschen auszubilden, darf er also den Titel „Meister" tragen? Darf eine Abiturientin das Medizinstudium an einer deutschen Hochschule beginnen, wird ein Nachwuchsfußballer Nationalspieler in der WM oder trauen wir einer Kandidatin oder einem Kandidaten zu, das Amt des Bundeskanzlers auszufüllen?

Nicht nur bei Letzterem wird deutlich, dass manchmal eine Entscheidung auch sehr davon beeinflusst wird, welche Alternativen man hat oder ob es überhaupt eine Auswahl gibt.

Entscheidungssituationen unterscheiden sich nach der Bedeutung, nach den Auswahlkriterien und der Zahl der Alternativen, danach, ob jemand völlig frei eine Entscheidung trifft oder formalen Regeln folgen muss, die den Entscheider binden. Entscheidungssituationen unterscheiden sich auch danach, wer die Entscheidung trifft. Ist es ein Einzelner aus seiner eigenen Kompetenz und Verantwortung heraus, wie z. B. der Bundestrainer der deutschen Fußballnationalmannschaft, ein Gremium in einer Abstimmung oder eine anonyme Instanz, die nach festgelegten Entscheidungsregeln und transparenten Maßstäben vorgeht, wie z. B. die Zentralstelle für die Vergabe von Studienplätzen.

Eignungsentscheidungen gehören oft zu den Schlüsselmomenten in einer persönlichen Entwicklung. Bekommt ein junger Mensch den Ausbildungsplatz in seinem Traumberuf? Traut ein Chef seiner jungen Nachwuchsexpertin schon nach zwei Jahren eine Führungsaufgabe zu? Wechselt jemand den Arbeitgeber und verbessert sein Einkommen, seine Freude an der Arbeit, seine Zufriedenheit und Lebensqualität? Oder bleibt die vielversprechende Nachwuchskraft Sachbearbeiterin bis sie Mitte dreißig ist und hofft dann immer noch auf ihre

---

1   Begriffsdefinition in DIN 33430:

2.4 Eignung

Grad der Ausprägung, in dem eine Person über die Eignungsmerkmale verfügt, die Voraussetzung für die jeweils geforderte berufliche Leistungshöhe sind und Zufriedenheit mit dem zu besetzenden Arbeitsplatz, dem Aufgabenfeld, der Ausbildung bzw. dem Studium oder dem Beruf ermöglichen

2 Die Bedeutung von Eignungsentscheidungen

Chance und auf ihr Talent? Stellt sich der Wechsel des Arbeitgebers als Missgriff dar, weil eine Aufgabe in permanenter Überforderung mündet und nach einiger Zeit sogar in Burn-out?

Eignungsentscheidungen und damit Personalentscheidungen gehören aber auch zu den wichtigsten Weichenstellungen der Unternehmensentwicklung. Erfüllt die Nachwuchskraft die Hoffnungen, die mit ihrer Einstellung verbunden waren, ist die neue Führungskraft der Motivator, für den sie sich ausgegeben hat, kann der neue Geschäftsführer den Betrieb aus der Krise führen? Oder optimiert er stattdessen durch Verkäufe von Unternehmensteilen lediglich sein an das Finanzergebnis gekoppeltes Einkommen?

Ob leistungsstarke Mitarbeiter termingerecht, zuverlässig und konstruktiv miteinander arbeiten oder ob für die gleiche Arbeit entsprechend mehr mittelmäßig bis schwach leistende Kräfte auf der Lohnliste stehen, ist letztendlich für den Erfolg und damit die Zukunft jeder Organisation entscheidend.

Personalentscheidungen, insbesondere wenn es um die Einstellung von neuen Mitarbeitern geht, sind also für beide Seiten, für das Individuum wie auch für die Organisation, ausgesprochen bedeutend und wichtig.

Eignungsentscheidungen sind nicht nur bedeutend, sie gehören auch, besonders in der Situation einer Neueinstellung, zu den schwierigsten und komplexesten Entscheidungen überhaupt. Denn beide Seiten haben nie alle Informationen zur Verfügung, die zu einer sicheren Entscheidung notwendig wären. Darüber hinaus werden sich die Folgen von Fehlentscheidungen in den seltensten Fällen unmittelbar erkennen lassen.

In den Fällen, in denen besonders gut geeignete Kandidaten fälschlicherweise von einer Organisation abgelehnt wurden, werden die Fehlentscheidungen sogar meist gar nicht als solche erkannt. Das macht es besonders schwer, aus Entscheidungen und auch aus Fehlentscheidungen zu lernen und als Einzelner oder als Organisation im Treffen von Personalentscheidungen besser zu werden. Deshalb reicht es nicht, auf spontane Lerneffekte zu vertrauen. Um möglichst gute Personalentscheidungen zu treffen, sollte man systematisch vorgehen und geeignete Verfahren und Instrumente zur Entscheidungsvorbereitung nutzen.

Da die Auswirkungen von Eignungsentscheidungen wie oben beschrieben für die Entscheider nur langfristig oder manchmal gar nicht beobachtbar sind, werden jedoch immer wieder auch völlig ungeeignete Verfahren angeboten, die oft sehr professionell präsentiert werden und teuer sind.

Die DIN 33430 hat sich zum Ziel gesetzt, für die berufsbezogene Eignungsbeurteilung[2] Maßstäbe und Vorgehensweisen zu definieren sowie die Qualität entsprechender Verfahren zur Vorbereitung guter Personalentscheidungen transparent zu machen.

An dieser Stelle soll auch auf eine grundsätzliche Voraussetzung für gute Eignungsentscheidungen hingewiesen werden: Nachhaltige, die Organisation stärkende Personalentscheidungen sind nur in einem Umfeld möglich, in denen der Leistungsgedanke ein Element der Organisationskultur ist. Dort, wo Personalentscheidungen nach leistungsfremden oder nach anderen von Unternehmenszielen und den Bedarfen der Organisation unabhängigen Kriterien getroffen werden, liegen ihnen nicht wirklich Eignungsbeurteilungen zu Grunde. Wenn Personalentscheidungen Ausdruck von oder Mittel zur Macht sind, gelten andere Spielregeln. Um in solch einer Kultur umzusteuern, müssen erst die Interessenlagen geklärt werden und die Ausrichtung an einem gemeinsamen Organisationziel erfolgen.

---

2   Begriffsdefinition in DIN 33430:

2.6 Eignungsbeurteilung
Ergebnis des Eignungsbeurteilungsprozesses

3 DIN 33430: Nutzen, Anwendung, Sicherheit und Qualität

Die DIN 33430 führt sich selbst mit einem Vorwort ein und beschreibt ihren Anwendungsbereich und definiert Begriffe.

Vorwort

Dieses Dokument DIN 33430:2016-07 wurde vom Arbeitsausschuss NA 159-02-09 AA „Berufsbezogene Eignungsdiagnostik" im DIN-Normenausschuss Dienstleistungen (NADL) erarbeitet.

Es wird auf die Möglichkeit hingewiesen, dass einige Elemente dieses Dokuments Patentrechte berühren können. Das DIN [und/oder die DKE] sind nicht dafür verantwortlich, einige oder alle diesbezüglichen Patentrechte zu identifizieren.

Der Ausschuss setzte sich zusammen aus Kolleginnen und Kollegen, die in Unternehmen und Organisationen für das Thema verantwortlich sind, aus Testentwicklern, -verlegern und -autoren, Vertretern von Beratungsunternehmen, des Berufsverbandes Deutscher Psychologinnen und Psychologen, der die Norm auch initiiert hatte, Vertretern der Deutschen Gesellschaft für Psychologie und Inhabern eignungsdiagnostischer Lehrstühle an deutschen Universitäten. Meist sind es Personen, die in ihrem Berufsleben über lange Jahre intensiv mit dem zentralen Thema der Norm, der Eignungsdiagnostik befasst waren und sind. Durch diese unterschiedlichen Perspektiven war sichergestellt, dass ein intensiver Diskussionsprozess stattfand und in einem aussagekräftigen und praktischen Ergebnis resultierte.

Im Jahr 2002 wurde die erste Version dieser Norm in Deutschland veröffentlicht. Zu einer späteren Revision in Deutschland kam es deswegen nicht, weil große Hoffnung bestand, auf der Basis der DIN 33430 auf internationaler Ebene eine ISO-Norm zu entwickeln. Die Initiative zu dieser internationalen Norm ging von Deutschland aus. Aufgrund der Diversität der Interessen, insbesondere der US-amerikanischen Teilnehmer des ISO-Ausschusses mit ihrem besonderen Hintergrund des amerikanischen Systems der Rechtsprechung wurden dann zwei Normen erarbeitet, die in ISO 10667-2 nicht nur an den Auftragnehmer (Serviceprovider), sondern auch in ISO 10667-1 an den Auftraggeber (Client) Anforderungen stellt.

Diese beiden ISO-Normen wurden anschließend in Deutschland diskutiert und als für die deutsche Anwendung zu USA-spezifisch eingeschätzt.

Daraufhin kam es zur Reaktivierung des DIN-Arbeitsausschusses, der sich verjüngte und erweiterte, um die jetzt publizierte DIN-Norm zu erarbeiten.

Änderungen

Gegenüber DIN 33430:2002-06 wurden folgende Änderungen vorgenommen:

a) Norm grundlegend überarbeitet;

Nach der Entscheidung, die ISO 10667 nicht ins Deutsche zu übernehmen, da sie zu sehr an US-amerikanischen Belangen orientiert war, wurde die DIN 33430:2002-06 auch vor dem Hintergrund aktueller technischer Entwicklungen grundsätzlich überarbeitet.

b) Anhang A zu Anforderungen an Verfahrenshinweise wurde gekürzt, modifiziert und in die normativen Anhänge A (Anforderungen an Handhabungshinweise für Verfahren) und Anhang B (Anforderungen an Verfahrenshinweise für messtheoretisch fundierte Fragebogen und Tests) überführt;

Die ursprüngliche Norm war in ihren Anforderungen noch überwiegend an messtheoretisch fundierten Verfahren ausgerichtet. Da die im Personalmanagement eingesetzten Verfahren aber breiter und vielfältiger sind, wurden Verfahrenskategorien eingeführt und Vorgaben und Hinweise für alle Verfahrenskategorien differenziert.

c) Informativer Anhang B mit Glossar gestrichen;

Anhang B enthielt das Glossar mit den zentralen Begriffen der Norm. Die Begriffsdefinitionen sind in der DIN 33430:2016-07 in Kapitel 2 zusammengefasst.

d) Informativer Anhang C zu Hinweisen für die Ausschreibung eignungsdiagnostischer Prozesse und Verfahren unter Beachtung der DIN 33430 neu aufgenommen;

Da die Resonanz auf die DIN 33430 im öffentlichen Sektor gut war, wird mit Anhang C eine zusätzliche Unterstützung für die Umsetzung in Ausschreibungen angeboten.

3 DIN 33430: Nutzen, Anwendung, Sicherheit und Qualität

e) Die Eignungsmerkmale[3] wurden differenziert, unterschieden werden u. a. Qualifikationsmerkmale, Kompetenzen[4] und Potenziale[5];

Der aktuelle Sprachgebrauch der Praxis wurde weitgehend übernommen und für die Norm ausdifferenziert. Bei der Unterscheidung von Kompetenzen und Potenzialen geht es insbesondere darum, die in der Praxis erfolgreichen Kompetenzmodelle[6] zu würdigen.

---

3 Begriffsdefinition in DIN 33430:

2.8 Eignungsmerkmale

Qualifikationen, Kompetenzen und Potenziale sowie berufsbezogene Interessen, Bedürfnisse, Werthaltungen, Motive und andere relevante Merkmale einer Person, die die Voraussetzung für die jeweils geforderte berufliche Leistungshöhe und die berufliche Zufriedenheit sind

4 Begriffsdefinition in DIN 33430:

2.11 Kompetenzen

Gelernte, wiederholbare Verhaltensweisen und abrufbare Wissensbestände zur erfolgreichen Bewältigung beruflicher Aufgaben

Anmerkung 1 zum Begriff: Die Erfassung der individuellen Ausprägung von Kompetenzen ist vor allem für die Eignungsbeurteilung von Personen relevant, die die in Frage stehenden beruflichen Aufgaben bereits aktuell ausüben oder ohne weitere Entwicklungsmaßnahmen übernehmen sollen.

5 Begriffsdefinition in DIN 33430:

2.15 Potenzial

Fähigkeit einer Person, ihr bislang nicht vertraute Aufgaben zu bewältigen und Kompetenzen zu entwickeln

Anmerkung 1 zum Begriff: Potenzialaspekte beziehen sich vor allem auf die individuellen Fähigkeiten zum Lernen des für erfolgreiches Verhalten aktuell noch fehlenden Wissens und Könnens, umfassen aber auch individuelle Komponenten von Entwicklungs- und Reifungsprozessen, etwa bei Veränderungen motivationaler Aspekte. Die Erfassung der individuellen Ausprägung der für den Erwerb angestrebter Kompetenzen erforderlichen Potenzialaspekte ist vor allem für die Eignungsbeurteilung von Personen relevant, die an für sie neue berufliche Aufgaben durch Ausbildung oder Einarbeitung herangeführt werden sollen.

6 Begriffsdefinition in DIN 33430:

2.12 Kompetenzmodell

Strukturierte Übersicht über die in einer Organisation besonders wesentlichen Kompetenzen bezüglich der vorhandenen beruflichen Aufgaben oder ausgeübten Tätigkeiten

f) Die Norm unterscheidet nun zwischen Dienstleistern[7], Beobachtern[8] und Eignungsdiagnostikern[9];

Die DIN 33430 führt diese Begriffe ein und nähert sich so weitgehend einem praktischen Sprachgebrauch an. Der Begriff des Beobachters wurde dem Kontext der Assessment Center entlehnt. Der Begriff des „Auftragnehmers" aus der alten DIN 33430:2002-06 wurde konkretisiert und ging über in das Konzept des verantwortlichen Eignungsdiagnostikers, der durch einen Eignungsdiagnostiker unterstützt werden kann. Die Begriffe Dienstleister und Auftraggeber entsprechen einer alltagssprachlichen Wortwahl und schließen auf beiden Seiten externe und interne Bezugssysteme ein.

---

[7] Begriffsdefinition in DIN 33430:

2.3 Dienstleister

Externe oder interne Organisationseinheit bzw. Person, die mit der Eignungsbeurteilung beauftragt wird.

Anmerkung 1 zum Begriff: Die praktische Umsetzung des Auftrages erfolgt durch einen verantwortlichen Eignungsdiagnostiker. Dienstleister und verantwortlicher Eignungsdiagnostiker können identisch sein.

[8] Begriffsdefinition in DIN 33430:

2.2 Beobachter

Qualifizierter Mitwirkender, der unter Anleitung, Verantwortung und Fachaufsicht eines Eignungsdiagnostikers an Durchführung und/oder Auswertung von eignungsdiagnostischen Verfahren zur Verhaltensbeobachtung/-beurteilung und/oder an direkten mündlichen Befragungen (5.3.2) beteiligt ist

[9] Begriffsdefinition in DIN 33430:

2.7 Eignungsdiagnostiker

Eignungsdiagnostisch besonders qualifizierte Person, die am Prozess der Eignungsbeurteilung mitwirkt

Anmerkung 1 zum Begriff: An Eignungsdiagnostiker werden dieselben Qualifikationsanforderungen gestellt wie an den verantwortlichen Eignungsdiagnostiker.

g) Prozessschritt „Planung von berufsbezogenen Eignungsbeurteilungen" in den Aspekten „Auftragsklärung", „Anforderungsanalyse[10]" und „Planung" konkretisiert;

h) Anforderungen an Verfahren konkretisiert in verfahrensunabhängige Anforderungen und verfahrensabhängige Anforderungen;

i) Konkretisierung des Prozessschrittes „Dokumentation des Vorgehens".

Darüber hinaus konkretisiert die überarbeitete DIN 33430 die einzelnen Prozessschritte und die Anforderungen an die jeweiligen Verfahren.

HINWEIS
Für die in der Normanwendung unerfahrenen Leser noch ein Hinweis zu den Soll- und Muss-Formulierungen: Eine Soll-Formulierung bezeichnet das, was man versuchen sollte, zu erreichen. Wenn Muss-Vorschriften nicht umgesetzt werden, liegt eine Vorgehensweise vor, die nicht Norm-konform ist.

Letzteres spielt eine besondere Rolle bei der Überprüfung der Norm-Konformität von Dienstleistungs-Angeboten. Die Muss-Formulierungen wurden von den Autoren der Norm bewusst und so vorsichtig gewählt, weil die DIN-Konformität als nicht gegeben angesehen werden muss, wenn im Prozess der Eignungsdiagnostik nach dieser DIN-Norm nur eine Muss-Vorgabe nicht erfüllt ist.

---

10 Begriffsdefinition in DIN 33430:

2.1 Anforderungsanalyse
systematische Analyse der Anforderungen und der Motivations-/Demotivationspotenziale der beruflichen Tätigkeiten mit dem Ziel der Ermittlung derjenigen Eignungsmerkmale von Personen, die bedeutsam dafür sind, dass sie die erforderliche Leistung erbringen oder mit dem zu besetzenden Arbeitsplatz, dem Aufgabenfeld, der Ausbildung bzw. dem Studium oder dem Beruf zufrieden sind sowie die Festlegung der dafür erforderlichen Ausprägungsgrade dieser Eignungsmerkmale

Anmerkung 1 zum Begriff: Absehbare zukünftige Entwicklung in Technik, Wirtschaft, Gesellschaft sowie innerhalb der Organisation sollten in einem weiteren Schritt analysiert werden, um abzuschätzen, ob sich möglicherweise Tätigkeiten, Umfeldbedingungen oder Organisationsmerkmale verändern.

Anmerkung 2 zum Begriff: Bereits vorhandene Kompetenzmodelle (2.12) können bei der Anforderungsanalyse als Informationsquelle genutzt werden.

2 Begriffe

Für die Anwendung dieses Dokumentes gelten die folgenden Begriffe.

Die Begriffe, die in der Norm in einem separaten Kapitel aufgelistet sind, werden im Kommentar im laufenden Text berücksichtigt und als Fußnoten eingefügt.

Einleitung

In der vorliegenden Norm werden Qualitätskriterien und -standards für die berufsbezogene Eignungsdiagnostik beschrieben. Anwendungsfelder von berufsbezogener Eignungsdiagnostik sind z. B. die Personalauswahl, die Personal- und Führungskräfteentwicklung sowie die Berufs- und Studienwahl und die Berufslaufbahnplanung.

Die Kommentierung bezieht sich im Wesentlichen auf den Anwendungszusammenhang Personalauswahl und Personalrekrutierung, da dieser das typischste Anwendungsfeld der DIN 33430 darstellt.

Die Ergebnisse der Eignungsdiagnostik können Grundlage für berufsbezogene Entscheidungen sein. Eignungsdiagnostik kann in eine Eignungsbeurteilung münden. Eignungsbeurteilungen und Personalentscheidungen sind voneinander zu unterscheiden. Nur die Eignungsdiagnostik und -beurteilung sind Gegenstand dieser Norm. Personalentscheidungen obliegen den Personalverantwortlichen in Unternehmen, Betrieben, Institutionen oder Verwaltungen.

Diese Unterscheidung erschien wichtig, da die Souveränität des Entscheiders durch die Norm nicht angetastet werden soll. Diese Souveränität ist sowohl in Behörden, als auch in manchen Unternehmen ein wichtiger Grundsatz. Die Norm liefert Leitsätze für den Prozess und die Verfahren, die dazu dienen, eine Entscheidung durch eine Eignungsbeurteilung vorzubereiten.

3 DIN 33430: Nutzen, Anwendung, Sicherheit und Qualität

Diese Norm dient

a) Anbietern von Dienstleistungen (organisationsinterne und -externe Auftragnehmer im Sinne dieser Norm) als Leitfaden für die Planung und Durchführung von Eignungsbeurteilungsprozessen[11];
b) Auftraggebern in Organisationen als Maßstab zur Ausschreibung von Dienstleistungen sowie der Bewertung externer Angebote im Rahmen berufsbezogener Eignungsbeurteilungsprozesse;
c) Personalverantwortlichen bei der Qualitätssicherung und -optimierung von Personalentscheidungen;
d) dem Schutz der Kandidaten vor unsachgemäßer oder missbräuchlicher Anwendung von Verfahren zu Eignungsbeurteilungen.

Damit trägt die Norm bei

- zur Verbreitung von wissenschaftlich und fachlich fundierten Informationen über Verfahren zur Eignungsbeurteilung[12];
- zur fachgerechten Entwicklung und zum sachgerechten Einsatz von Verfahren zur Eignungsbeurteilung;
- zur kontinuierlichen Verbesserung der Verfahren zur Eignungsbeurteilung.

Durch die Anwendung der Norm können Fehlentscheidungen sowie daraus erwachsende negative ökonomische, soziale und individuelle Folgen für die Organisation und alle Betroffenen vermieden werden, die auf mangelhaften Eignungsbeurteilungen beruhen.

---

11 Begriffsdefinition in DIN 33430:

2.5 Eignungsbeurteilungsprozess

Schritte zur Feststellung der Eignung von der Planung des Vorgehens einschließlich der Anforderungsanalyse über die Auswahl und Zusammenstellung von Verfahren, deren Durchführung, Auswertung, Interpretation und die Urteilsbildung bis zur Dokumentation

12 Begriffsdefinition in DIN 33430:

2.19 Verfahren zur Eignungsbeurteilung

praxiserprobte und wissenschaftlich abgesicherte Erkenntnismittel, die in kontrollierter Weise zur Eignungsbeurteilung eingesetzt werden

Anmerkung 1 zum Begriff: In 5.1 werden die Verfahren zur Eignungsbeurteilung in fünf Kategorien eingeteilt (Dokumentenanalyse, direkte mündliche Befragungen, Verfahren zur Verhaltensbeobachtung und Verhaltensbeurteilung, messtheoretisch fundierte Fragebogen und messtheoretisch fundierte Tests).

EIGNUNGSDIAGNOSTIK

So formuliert die Norm das Anliegen der Initiatoren und Autoren, fundiertes Wissen über Eignungsdiagnostik zu verbreiten und gute Praxis zu unterstützen. Diesem Ziel soll auch dieser Kommentar dienen.

1 Anwendungsbereich

Diese Dienstleistungsnorm enthält Festlegungen und Leitsätze für Verfahren und deren Einsatz bei berufsbezogenen Eignungsbeurteilungsprozessen. Sie bezieht sich auf:

a) die Planung von berufsbezogenen Eignungsbeurteilungsprozessen;

b) die Auswahl, Zusammenstellung, Durchführung und Auswertung von Verfahren;

c) die Interpretation der Verfahrensergebnisse und die Urteilsbildung;

d) die Anforderungen an die Qualifikation[13] der an Eignungsbeurteilungsprozessen beteiligten Personen.

ANMERKUNG Durch die Festlegungen und Leitsätze ergeben sich auch Hinweise für die sach- und fachgerechte Entwicklung von in Eignungsbeurteilungsprozessen einzusetzenden Verfahren.

Eignungsdiagnostik ist immer ein Prozess. Auf der Basis der Anforderungen wird eine Vorgehensweise geplant, werden Verfahren sachgerecht und ökonomisch kombiniert und werden die relevanten und aussagekräftigen Analysen und Betrachtungen durchgeführt. Die Evaluation der Vorgehensweise ist der Grundstein für Weiterentwicklung und Optimierung.

Die Angemessenheit eines Verfahrens für eine konkrete Eignungsbeurteilung kann nur im Rahmen seiner spezifischen Anwendung beurteilt werden. Daher ist dieses Dokument keine Produktnorm zur isolierten Bewertung der Qualität eines Verfahrens.

---

13 Begriffsdefinition in DIN 33430:

2.16 Qualifikation

formal oder informell nachgewiesenes Wissen und Können

Anmerkung 1 zum Begriff: Formale Qualifikationen sind z. B. Schulabschluss oder Berufsausbildung einer Person. Informelle Qualifikationen sind z. B. Fortbildungsbelege, Arbeitszeugnisse oder Referenzen.

Verfahren müssen dabei immer im spezifischen Anwendungsfall beurteilt werden. Dessen ungeachtet gibt es allgemeine Anforderungen an Verfahren, die unbedingt zu erfüllen sind. Diese Anforderungen stellen notwendige, aber nicht hinreichende Bedingungen für die Qualität der einzelnen Schritte und des Gesamtergebnisses dar.

Die DIN 33430 stellt Anforderungen an Verfahren, an den Prozess und an die Qualifikation der Anwender. Alle drei Aspekte müssen berücksichtigt werden, um eine Gesamtaussage zur Qualität des eignungsdiagnostischen Prozesses zu machen.

Somit kann die Norm herangezogen werden, sowohl zur Verbesserung und Entwicklung von Verfahren als auch zur Auswahl geeigneter Dienstleister, zur Planung von Qualifizierungsmaßnahmen von Recruitern und Diagnostikern und zur Weiterentwicklung und Evaluierung des Prozesses insgesamt oder in Teilen.

Zudem weist der Normtext auch dezidiert auf Grenzen hin:

Medizinische Diagnostik ist nicht Gegenstand dieser Norm.

Gefährdungsanalysen nach § 5 Arbeitsschutzgesetz sind nicht Gegenstand dieser Norm.

4 Eignungsdiagnostik als Kernfunktion von Personalmanagement

Personalbeschaffung ist die Kernaufgabe, mit der eine Personalabteilung nach einschlägigen Untersuchungen den höchsten Einfluss auf die Gestaltung ihrer Organisation hat. Im Beschaffungsprozess ist die Personalauswahl ein zentrales Element. Dieses zentrale Element der Personalarbeit insgesamt, die Personalauswahl, stellt den bedeutendsten Anwendungszusammenhang der DIN 33430 dar. Letztendlich war der Anlass für das Entstehen der Norm das Bestreben, wissenschaftlich fundierte Verfahren zur Personalauswahl für Nutzer transparenter zu machen und deren richtigen Einsatz sicherzustellen. Bei der intensiven Auseinandersetzung mit dem Thema im Arbeitsausschuss wurde immer deutlicher, dass zur Optimierung des Nutzens der Norm aus einer isolierten Betrachtung der einzelnen Verfahrensklassen und Verfahrensschritte ein integrativer Ansatz der Eignungsdiagnostik insgesamt entwickelt werden musste.

Das Thema Eignungsdiagnostik ist sehr komplex und wird durch das Zusammenspiel vielfältiger organisationsinterner und -externer Faktoren und Interessen bestimmt, so dass eine einfache Checkliste mit 20 bis 30 Kriterien, die jeder Entscheider prüfen und abhaken könnte, ein verständlicher, jedoch unrealistischer Wunsch ist und bleibt und definitiv nicht zur Qualität beitragen würde.

Der Ansatz der DIN 33430 geht daher über die einzelnen Elemente hinaus und definiert einen Gesamtrahmen. Die DIN 33430 bietet so Hilfestellungen für das Gestalten eines effizienten Gesamtprozesses und für die Auswahl von Verfahren und Methoden, mit denen Personalentscheidungen verbessert werden können. Damit wirkt ihre kompetente Nutzung direkt auf Resultate des Personalmanagements ein. Sie wirkt sich auf Kennzahlen aus, wie sie z. B. in der ISO 30405 zur Personalbeschaffung ausgeführt sind:

- Qualitätsmaße von Personaleinstellungen, wie z. B. Produktivität und/oder Bewertung von neuen Mitarbeitern nach der Probezeit, langfristige Entwicklung der Produktivität von Teams und Einzelpersonen

- Prozessmaße wie Geschwindigkeit des Einstellungsprozesses oder Geschwindigkeit der Eignungsfeststellung

Die DIN 33430 weist an verschiedenen Stellen darauf hin, dass alle Elemente der Personalauswahl ineinander greifen und miteinander verwoben sind und warnt davor, isolierte Einzelbetrachtungen von einzelnen eignungsdiagnostischen Verfahren anzustellen. Es reicht nicht, die Validität einzelner Prozessschritte zu prüfen, um den Gesamtprozess zu bewerten.

4 Eignungsdiagnostik als Kernfunktion von Personalmanagement

4.1 Aufbau, Struktur und Planung des Gesamtprozesses

Gleich zu Beginn des eignungsdiagnostischen Prozesses macht es Sinn, sich Gedanken zur Vorgehensweise, zu den notwendigen Ressourcen und der Planung des Gesamtprozesses zu machen. Ganz besondere Bedeutung kommt dabei der Klärung der Ziele, der Anforderungsanalyse und den Entscheidungen über die verschiedenen Beurteilungs- und Auswahlstufen, den Entscheidungen für die angemessenen Verfahren und Methoden sowie der Abgrenzung der Verantwortlichkeiten zwischen Dienstleister und Auftraggeber zu.

Die entsprechenden Ausführungen der Norm finden sich im Kapitel

> **3 Planung von berufsbezogenen Eignungsbeurteilungen**

4.1.1 Auftragsklärung

> **3.1 Auftragsklärung**
>
> Grundlage der Eignungsbeurteilung ist ein zwischen Auftraggeber und Dienstleister abgestimmter, klar formulierter Auftrag vom Auftraggeber einschließlich der Ausführungsbedingungen (z. B. Personalressourcen, Räume, Zeiten, Finanzen, Service Level). Dem Dienstleister sind präzise Fragen zur Beantwortung aufzugeben. Die Personalentscheidung obliegt dem Auftraggeber.

Die Norm nutzt die Begriffe „Auftraggeber" und „Dienstleister", um zwei grundlegende Rollen zu unterscheiden. Der Auftraggeber ist die Person oder Organisationseinheit, die einen Bedarf hat (z. B. eine offene Stelle, die besetzt werden muss) und die in dem Zusammenhang eine Personalentscheidung treffen und verantworten wird. Da der Auftraggeber sich der Tragweite, Bedeutung und Komplexität der Entscheidung bewusst ist, hat er zu seiner Unterstützung den Dienstleister angefragt, zusätzliche Expertise in den Entscheidungsvorgang einzubringen. Dieser Auftragnehmer soll die Entscheidung methodisch und inhaltlich vorbereiten bzw. durch zusätzliche Perspektiven, Einsichten oder Informationen anreichern und/oder mit eignungsdiagnostischen Verfahren absichern. Für diese Zusammenarbeit ist es zunächst irrelevant, ob die beiden (Auftraggeber und Dienstleister) einer Organisation angehören und damit interne Auftraggeber und Dienstleister sind oder ob der Auftraggeber sich eines externen Dienstleisters bedient. Die in der DIN 33430 genutzten Begriffe decken beide Konstellationen ab.

Der Dienstleistungsbegriff in diesem Zusammenhang bezieht sich nicht auf einfache „Services", Umsetzungen oder Hilfstätigkeiten. Er bezieht sich auf anspruchsvolle Methoden- und Fachkompetenzen und schließt damit z. B. einen internen oder externen Business-Partner, der nicht nur reagiert und ausführt, sondern auch (mit-)gestaltet und Impulse setzt, ein. Dies bringt aus Sicht der Kommentatoren für den Dienstleister auch die Verpflichtung mit sich, auf unrealistische Anforderungen, erkennbare Mängel in den Vorgaben des Auftraggebers oder fehlende Informationen hinzuweisen.

Zur Gestaltung der Zusammenarbeit ist eine klare Auftragsklärung notwendig. In dieser sollen die Rahmenbedingungen, die genauen Fragestellungen, zu denen der Dienstleister beiträgt, sowie die Zielsetzung, die der Auftraggeber anstrebt, geklärt und nach Auffassung der Kommentatoren möglichst schriftlich dokumentiert werden. Geklärt werden muss auch die Frage, ob der Auftraggeber realistische Vorstellungen davon hat, was der Dienstleister überhaupt leisten und beitragen kann und was dieser für die Erfüllung der Aufgabenstellung an Informationen und anderer Unterstützung vom Auftraggeber braucht.

Ein Grundsatz zum Rollenverständnis ist ebenfalls schon an dieser Stelle ausdrücklich in der Norm selbst formuliert. Die Aufgabe der Eignungsbeurteilung besteht in der Vorbereitung einer Entscheidung. Die Personalentscheidung selbst ist davon zu trennen. Diese bleibt im Verantwortungsbereich des Auftraggebers. Im Einzelfall mag es sogar Entscheidungsfaktoren geben, die außerhalb der Eignung liegen und die die Entscheidung des Auftraggebers maßgeblich beeinflussen.

Die Norm regelt die Eignungsbeurteilung, nicht jedoch die Personalentscheidung.

In der Auftragsklärung geht es für den Dienstleister auch darum, den Auftraggeber mit ins Boot zu holen und auf die möglichen zukünftigen Ergebnisse vorzubereiten, denn diese können anders ausfallen, als vom Auftraggeber erhofft oder erwünscht.

Eine zentrale Botschaft der Norm ist damit, dass die Auftragsklärung konkret und fundiert zu erfolgen hat. Dies ist für alle Betroffenen von Vorteil. Ein Abgleich der gegenseitigen Erwartungen und ein transparentes Herausarbeiten auch der „Mitwirkungspflicht" des Auftraggebers schützen vor späteren Missverständnissen und verhindern Qualitätseinbußen im eignungsdiagnostischen Prozess.

Sofern es um eine Eignungsbeurteilung im Kontext einer Personalentscheidung geht, sollten im Rahmen der Planung des Vorgehens folgende Punkte betrachtet werden:

Die in der Norm aufgelisteten Punkte werden im Folgenden einzeln kommentiert. Sie stellen wichtige Informationen dar, die bei der anschließenden Planung berücksichtigt werden sollten.

- Situation auf dem Arbeitsmarkt z. B. Angebot und Bedarf an qualifizierten Kandidaten zur Besetzung einer Stelle;

Es ist ein Unterschied, ob es nur einzelne, eher wenige oder viele mögliche Kandidaten für eine Stelle gibt.
Wenn sich eine große Anzahl Kandidaten bewirbt, z. B. bei einer Ausschreibung von Trainee-Programmen für Studienabsolventen, macht ein mehrfach gestuftes Auswahlverfahren Sinn, in dem nach jedem Schritt die Anzahl der Kandidaten, die weiterkommen, reduziert wird. Z. B. kann ein Onlinetest eine sinnvolle automatisierte erste Stufe zur Erfassung der prinzipiellen Passung auf die Anforderungen sein. Die aufwändigere Sichtung der individuellen Bewerbungsunterlagen erfolgt dann erst in der zweiten Stufe. In der dritten Stufe werden Interviews geführt und weitere Auswahlverfahren eingesetzt.

Wenn es demgegenüber nur einen Kandidaten für eine besonders wichtige und möglichst rasch zu besetzende Stelle gibt, dann kann es Sinn machen, den Prozess für den Kandidaten möglichst kompakt zu gestalten und ihn vielleicht an einem Flughafen auf der Durchreise zu treffen, nachdem man sich kurz telefonisch ausgetauscht hat. Und auch am Flughafen oder ICE-Bahnhof gibt es Konferenzräume, in denen man sich in Ruhe zusammensetzen kann, um die anstehende Entscheidung mit Hilfe eines strukturierten Interviews und entsprechender messtheoretisch fundierter Verfahren im Interesse beider Seiten abzusichern.

Bewerben sich Kandidaten aus dem Ausland (mit weiten Anreisen und Zeitverschiebung), kann es für eine Vorauswahl Sinn machen, Zeitunterschiede über zeitversetzte Video-Interviews zu überbrücken.

- Anteil der geeigneten Personen;

> **ANMERKUNG 1** Hierbei geht es darum, abzuschätzen, wie viel Prozent der Kandidaten für die Stelle geeignet sind.

Dieser Anteil wird in der Fachliteratur als Basis- oder Grundrate bezeichnet. Ein Gedankenspiel mit zwei Extremfällen soll zur Illustration der Bedeutung der Grundrate in einer Bewerbergruppe dienen:

- Wenn in einer Gruppe Bewerber jeder geeignet ist, dann braucht man keine Eignungsdiagnostik, sondern man könnte einen Kandidaten nach Zufall oder willkürlich auswählen.

- Wenn demgegenüber in einer großen Gruppe nur ein einziger Kandidat geeignet ist, dann ist bei entsprechender Bedeutung der Stelle fast jeder Aufwand gerechtfertigt, um diesen einen Geeigneten treffsicher zu identifizieren.

Auch die weit verbreitete Annahme, dass systematische Eignungsdiagnostik mit entsprechenden Instrumenten nur sinnvoll ist, wenn man viele Bewerber hat, ist falsch. Bei mancher Schlüsselposition muss man eher sicherstellen, dass man nicht den Erstbesten nimmt, sondern weiter sucht – auch wenn es schwer fällt –, um dann den schwierig zu findenden, wirklich Geeigneten für das Unternehmen zu gewinnen.

Die sogenannte Basisrate lässt sich am besten schätzen, indem man beim Auftraggeber Erfahrungswerte aus der Vergangenheit eruiert („Wie hoch ist Ihrer Erfahrung nach der Anteil an prinzipiell Geeigneten bei den Bewerbungen, die Sie in der Vergangenheit auf die Zielposition hatten?"). Die Einschätzung (der Personalexperten) des Auftraggebers sollte idealerweise mit eigenen Erfahrungen und einem Rückgriff auf die Expertise von Fachgremien und/oder wissenschaftlichen Quellen ergänzt werden. Nach Erfahrung der Kommentatoren weisen z. B. für Verwaltungstätigkeiten je nach Anspruchsniveau des konkreten Tätigkeitsbereichs 10 bis maximal 25 Prozent der Bewerber tatsächlich die nötige Eignung für diese Position auf.

Wenn es wenig geeignete Bewerber gibt, sollten sich Eignungsbeurteilungen zudem nicht darauf beschränken, eine Empfehlung oder Nicht-Empfehlung abzugeben, sondern dann sind auch Entwicklungshinweise zu geben und Ansätze zu vermitteln, worauf es insbesondere in der Führung ankommen wird.

> - der Nutzen, der entsteht, wenn es mit Hilfe der Eignungsbeurteilung besser gelingt, leistungsstärkere Personen auszuwählen;

> – der Nutzen, der entsteht, wenn es mit Hilfe der Eignungsbeurteilung besser gelingt, Fehlentscheidungen zu vermeiden;
> – die direkten und indirekten Kosten des gesamten Vorgehens.

Bei der Überlegung, welche Vorgehensweisen in Frage kommen, geht es auch um die Realisierung eines optimalen Kosten-Nutzen-Verhältnisses. Wenn z. B. Personen für Positionen ausgewählt werden, in denen es durch unterschiedliche Leistungshöhen große finanzielle Auswirkungen bzw. Auswirkungen auf den Arbeitsprozess/auf die Organisation geben wird, dann ist es sinnvoll, mehr Zeit, Energie und Kosten in die Auswahl zu investieren, als wenn sich unterschiedliche Leistungshöhen weniger stark auswirken. Ferner ist zu betrachten, dass es Positionen gibt, bei denen die Leistungsunterschiede zwischen einer schwächeren und einer Spitzenkraft enorm sind. Bei Programmierern z. B. werden Leistungsunterschiede von bis zu 2 000 % (!) angegeben (siehe dazu Schuler, insbesondere „Leistungsbeurteilung" in Enzyklopädie der Psychologie, Bd. 3, S. 947–948). Dagegen gibt es auch Positionen, bei denen die Leistungsunterschiede nicht so ins Gewicht fallen, weil Personen mit einer besonderen Eignung diese aufgrund der Rahmenbedingungen kaum in eine höhere Leistung umsetzen können.

Natürlich ist es wichtig, sich klar zu machen, was die Ziele des Unternehmens sind, die mit gut fundierten, rationalen und rationellen Vorgehensweisen erreicht werden sollen. Nur wenn die Zielsetzungen und der angestrebte Nutzen klar sind, kann der Einsatz von eignungsdiagnostischen Verfahren oder auch die Beteiligung von Fachkollegen, Externen und Führungskräften aus den Linienfunktionen sinnvoll geplant und strukturiert werden.

> Es ist weiterhin zu klären, ob es um eine absolute Eignungsaussage und/oder um eine Reihung der Kandidaten nach ihrer Eignung geht.

Auch spielt es eine Rolle, ob eine Einzelfallaussage gemacht werden soll, die dann unmittelbar in eine Einzelfallentscheidung mündet (wir besetzen die Stelle mit dem vorhandenen Kandidaten, wir suchen weiter oder die Stelle wird nicht besetzt, weil keine geeigneten Kandidaten zu finden sind, die Stelle muss aufgeteilt oder neu strukturiert werden etc.) oder ob eine große Gruppe von Kandidaten für die weiteren Auswahlschritte bewertet werden. Dabei wiederum ist es ein Unterschied, ob diese Gruppe in grobe Kategorien aufgeteilt werden soll oder ob eine Reihung für einen Teil oder gar für alle Kandidaten dargestellt werden muss. Bei der Reihung wiederum ist es ein Unterschied, ob sie auf der

Basis eines Screeningverfahrens anhand der Ergebnisse eines Instrumentes automatisch erstellt wird oder ob sie für jeden einzelnen Kandidaten alle Dimensionen der Eignung mit einer entsprechenden Gewichtung abbildet. Je nach Aufgabenstellung wird der Aufwand unterschiedlich sein.

Auftraggeber und Dienstleister müssen vorab vereinbaren, wer in welcher Form über das Ergebnis der Eignungsbeurteilung informiert wird und wie den einzelnen Kandidaten die Ergebnisse mitgeteilt werden.

Dies sollte vorab geschehen, soweit das möglich ist. Je nachdem aber, welche Verfahren in welchem Setting zum Einsatz kommen, sollte zusätzlich vor dem jeweils nächsten Schritt die Notwendigkeit der Ergänzung der Vereinbarung vom Dienstleister überprüft werden.

Zur Frage des Kandidatenfeedbacks legt die DIN 33430 fest, dass alle Teilnehmer an Untersuchungen zur Eignungsfeststellung, unabhängig vom hierarchischen Niveau (Lehrlinge genauso wie High Potentials oder Vorstände) oder von der Phase im eignungsdiagnostischen Prozess (Screening oder Endauswahl) grundsätzlich Rückmeldungen zu ihren Ergebnissen erhalten müssen. Gemäß Normtext muss vorab geklärt werden, **wie** den einzelnen Kandidaten die Ergebnisse mitgeteilt werden, nicht **ob**. Feedback an die Kandidaten war nach Ansicht der Kommentatoren immer schon ein Gebot der Fairness und wird in Zeiten der sozialen Medien immer mehr ein Gebot des ökonomischen Nutzens. Das AGG sollte als Grund, kein Feedback zu geben, nicht herangezogen werden müssen, denn wer einen fairen Prozess nach DIN 33430 aufsetzt, dürfte gegenüber Vorwürfen der Diskriminierung abgesichert sein.

Nach unserer Einschätzung kann zur Festlegung der Modalität das Äquivalenzprinzip herangezogen werden: die Form der Teilnahme bestimmt die Form der Rückmeldung. Zum Ergebnis eines Onlinetests kann man sich online (oder per E-mail o. Ä). ein Feedback einholen, nach einem Interview sollte man auch im Feedback miteinander sprechen usw.

Besondere Sorgfalt, Planung und gegebenenfalls Ergänzung oder Aktualisierung bedarf oftmals die Frage, wer den Kandidaten, die den jeweils nächsten Auswahlschritt nicht erreichen, Feedback gibt. Insbesondere bei mehrstufigen Assessment- oder Development-Centern ist dieser Schritt nicht nur gut vorzubereiten, sondern auch vor Ort zu prüfen und gegebenenfalls sicherzustellen, dass die Absprachen umgesetzt werden können.

Fallstricke in der Praxis bestehen insbesondere dann, wenn z. B. in der Personalentwicklung Vorgesetzte ihren Mitarbeitern suggeriert haben, das Development Center sei nur eine „Pflichtübung", die Beförderung eigentlich schon beschlossen.

Die Kommentatoren möchten die Frage des Feedbacks auch nutzen, um noch einen weitergehenden Hinweis zu geben: Nicht nur Feedback geben sollte für Diagnostiker und Organisationen ein Thema sein, sondern auch Feedback erhalten. Wir empfehlen, mindestens in regelmäßigen und repräsentativen Samples, Teilnehmern die Gelegenheit zu bieten, Feedback auch zu geben.

4.1.2 Anforderungsanalyse

Unter allen Experten, denen im Arbeitsausschuss selbst und denjenigen, die im Rahmen der Erarbeitung konsultiert wurden oder die sich im Rahmen des Beteiligungsprozesses zum Normentwurf geäußert hatten, bestand über eine zentrale Aussage Einigkeit: Ohne die vorherige Festlegung expliziter Anforderungen kann keine sinnvolle Eignungsbeurteilung stattfinden. Dabei kann es im einzelnen Fall sein, dass die Anforderungen bereits vorliegen, z. B. im Rahmen eines Kompetenzmodells. Bereits vorliegende Anforderungsprofile müssen jedoch auf Aktualität überprüft werden.

3.2 Anforderungsanalyse

Die Eignungsbeurteilung setzt eine Anforderungsanalyse und deren Ergebnisse voraus.

An dieser Stelle wird die Erarbeitung von Anforderungen detaillierter betrachtet, um die einzelnen Dimensionen, die in der Norm erfasst sind, nachvollziehbar zu machen und um Umsetzungshilfen zu geben.

Dementsprechend müssen die Anforderungen und Motivations-/Demotivationspotenziale der beruflichen Tätigkeit erfasst werden. Ziel ist die Festlegung der Eignungsmerkmale samt der erforderlichen Ausprägungsgrade.

Als Ziel der Anforderungsanalyse wird hier definiert, dass die Eignungsmerkmale, nach denen in der Folge die Eignung beurteilt werden wird, möglichst vollständig zu erfassen sind und dass für jedes einzelne Merkmal die notwendige Ausprägung festzulegen ist. Eignungsmerkmale in diesem Sinne sind Merkmale von Personen.

EIGNUNGSDIAGNOSTIK

Um diese Personenmerkmale festlegen zu können, muss zunächst die Aufgabe bzw. Position selbst genau betrachtet werden. Zu erfassen sind dabei die Anforderungen im Sinne von sensorischen, motorischen, kommunikativen/interaktiven, emotionalen oder kognitiven Aufgabenstellungen, auszuübenden Tätigkeiten, zu erreichenden Zielsetzungen und zu beachtenden Rahmenbedingungen.

Was aber sind die darüber hinaus zu betrachtenden Faktoren, die Motivations- und Demotivationspotenziale und was spielen diese für eine Rolle?

Diese Faktoren sollten möglichst alle Gesichtspunkte beinhalten, die auf einen Stelleninhaber leistungsfördernd oder leistungsmindernd wirken können. Eine besondere Betonung liegt hierbei auf „können", denn z. B. kann eine bestimmte Form der Vergütung für den einen Mitarbeiter einen Grund darstellen, sich besonders anzustrengen, für einen anderen nicht.

Häufig liegen diese Faktoren in den Inhalten oder den Rahmenbedingungen begründet, wie z. B. der Bezahlung, der Arbeitszeit, den Ressourcen und Arbeitsmitteln, die zur Verfügung stehen, oder auch der Arbeitsorganisation. Es geht also bei der Analyse der Aufgabe sowohl um Anforderungen an die Leistungsfähigkeit der Mitarbeiter als auch um Faktoren, die den Leistungswillen beeinflussen können.

Auch die Abgrenzung zum Konstrukt Arbeitszufriedenheit wurde im Arbeitsausschuss beraten. Das Ergebnis war, dass bei der Besetzung einer Stelle im Sinne der DIN 33430 nicht die Zufriedenheit des Einzelnen im Vordergrund steht, sondern sein möglicher Leistungsbeitrag.

Jemand, der sich zum Beispiel gleich nach der Neueinstellung wieder nach der nächsten Stelle umsieht, weil ihm die Bezahlung nicht passt (Anspruchsniveau) oder er immer an den Geschäftsführer berichten und nicht in der dritten Linie stehen wollte (Statusmotiv), wird sich nur kurz und wenig engagiert für seinen Arbeitgeber einsetzen. Bei solch einem Kandidaten wären Motivations- und Demotivationspotenziale übersehen worden.

Demgegenüber wird ein Mitarbeiter, der besonders aktiv und engagiert an der Verbesserung von Abläufen und Prozessen mitarbeitet, vielleicht auch hin und wieder mit seinem Chef darüber aneinandergeraten und gelegentlich über diese Reibungsverluste unzufrieden sein. Wenn dieser Mitarbeiter aber seine Bezahlung als angemessen wahrnimmt, vielleicht auch noch einen kurzen Weg zur Arbeit hat und seine Kollegen mag, kann er durchaus produktiv sein und sich sowohl leistungsfähig als auch einsatzbereit zeigen.

Im Zusammenhang mit der Berufswahl wurde der Aspekt der Zufriedenheit jedoch als besonders bedeutend betrachtet:

4 Eignungsdiagnostik als Kernfunktion von Personalmanagement

Die Eignungsmerkmale müssen zur beruflichen Leistung auf einem Arbeitsplatz bzw. zur erfolgreichen Bewältigung einer Ausbildung, eines Studiums, eines Berufs bzw. einer beruflichen Tätigkeit oder zur beruflichen Zufriedenheit beitragen.

Auch hier fließen wieder die beiden Dimensionen ein: Eignungsmerkmale müssen zur beruflichen Leistung oder zur beruflichen Zufriedenheit beitragen. Das heißt im Umkehrschluss, dass keine Merkmale erfasst werden dürfen, die nichts mit der Leistungsfähigkeit, Leistungsbereitschaft oder der beruflichen Zufriedenheit zu tun haben. Die Zufriedenheit ist an dieser Stelle ausdrücklich als langfristig wirkende berufliche Zufriedenheit (z. B. Identifikation mit dem gewählten Beruf) qualifiziert, in Abgrenzung zur kurzfristiger wirkenden Zufriedenheit an einem Arbeitsplatz (z. B. aktuelles Arbeitsklima). Hier spiegelt sich die Bandbreite des Einsatzes von Eignungsdiagnostik. Bei der die Berufswahl begleitenden Diagnostik bekommt die Zufriedenheit eine ganz entscheidende Bedeutung und ist daher hier explizit als Zieldimension genannt.

Insgesamt schärft dieser Absatz den Begriff der Eignung und betont den Leistungsaspekt als grundlegenden Maßstab, mit dem alle zu erfassenden Personenmerkmale in Zusammenhang stehen müssen.

Bei den ermittelten Anforderungen sollten auch absehbare zukünftige Entwicklungen in Technik, Wirtschaft, Gesellschaft sowie innerhalb der Organisation mit bedacht werden, um abzuschätzen, ob und wie sich möglicherweise Tätigkeiten, Arbeits-/Umfeldbedingungen oder Organisationsmerkmale verändern und sich auf die geforderten bzw. zu fordernden Eignungsmerkmale auswirken. Sofern auf schon vorhandene Tätigkeits-, Stellen-, Aufgaben- oder Funktions-Beschreibungen, Kompetenzmodelle sowie auf Organisationsziele zurückgegriffen wird, ist sicherzustellen, dass sich seit ihrer Erstellung die Anforderungen selbst nicht bedeutsam verändert haben.

Dieser Absatz enthält zwei Botschaften:
- Die erste Botschaft ist in Appell-Form mit „sollte" formuliert. Sie richtet sich in die Zukunft und schlägt vor, bei der Anforderungsanalyse über den reinen, statischen Ist-Zustand hinauszugehen und die Eignungsdiagnostik zukunftsfähig auszurichten.
- Die zweite Botschaft ist vergangenheitsgerichtet und eröffnet die Möglichkeit, auf bereits bestehende Erfahrungen, Dokumentationen oder Systeme

im Unternehmen zurückzugreifen. Selbstverständlich muss nicht für jede Nachbesetzung und damit verbundenen Testanwendungen oder Durchführung von Interviews von null an begonnen werden. Aber es muss immer sichergestellt sein, dass die Informationen, die als Grundlage der Diagnostik genutzt werden, (immer noch) gültig sind. Diese Vorschrift ist eine „Muss"-Vorschrift, die nicht umgangen werden kann.

Bei berufs- und studienberatenden Aufgabenstellungen sollten Ergebnisse von entsprechenden Anforderungsanalysen berücksichtigt werden.

Dieser Appell richtet sich darauf, auch die Berufs- und Studienberatung an einer empirischen, soliden Grundlage auszurichten.

Bei der Anforderungsanalyse ist zu klären, welche Eignungsmerkmale bereits zu Beginn der Tätigkeit in welchem Umfang/Ausmaß vorhanden sein müssen und ob Defizite in einem Eignungsmerkmal durch Stärken in einem anderen Eignungsmerkmal ausgeglichen werden können. Sofern eine zusammenfassende Eignungsbeurteilung getroffen werden soll, ist zu klären, in welchem Maße die einzelnen Eignungsmerkmale bedeutsam sind und ob Mindestausprägungen für einzelne Eignungsmerkmale verlangt werden. Dabei ist zwischen der Bedeutsamkeit eines Eignungsmerkmals einerseits und der für notwendig erachteten Ausprägungsstärke (Anforderungshöhe) dieses Merkmals andererseits zu unterscheiden.

Im letzten Satz wird eine besondere Problematik betrachtet. In der Praxis werden häufig Bedeutung und Ausprägung zusammengefasst. An ein wichtiges Merkmal wird häufig ein hoher Anspruch gestellt. Das ist aber nicht zwingend so. Sich jeden Tag freundlich und aufmerksam auf unterschiedliche Kunden z. B. im Einzelhandel einzustellen, ist eine zentrale Aufgabe. Kundenorientierung und Flexibilität sind damit als Anforderungen ein absolutes Muss. Aber hat die dazu notwendige Flexibilität auch besonders hoch ausgeprägt zu sein? Sie muss gerade so hoch sein, dass man auf die unterschiedlichen Kundenwünsche eingehen und mit unterschiedlichen Kunden freundlich umgehen kann. Sie darf aber nicht so hoch sein, dass man sich jederzeit ablenken lässt, oder man Versprechungen macht, die gar nicht zu erfüllen sind.

Der Normtext weist daher darauf hin, dass zu jedem Merkmal zwei Quantifizierungen zu definieren sind: die Ausprägung eines Eignungsmerkmals und dessen Gewichtung. Bei der Festlegung der für notwendig erachteten Ausprägungsstärke sollte nach Erfahrung der Kommentatoren darauf geachtet werden, nicht nur auf eine Mindestausprägung zu fokussieren, sondern auch Nachteile einer zu hohen Ausprägung in Erwägung zu ziehen.

Zusätzlich besteht gemäß der Norm die Notwendigkeit festzustellen, inwieweit Merkmale miteinander in Beziehung stehen und ob es im Rahmen der Einarbeitung oder Ausbildung Entwicklungs- und Lernmöglichkeiten gibt. Auch ist zu klären, ob bzw. in welcher Höhe ein Merkmal zu Beginn der Tätigkeit vorhanden sein muss.

> Die Eignungsmerkmale (z. B. Potenziale) sind nicht nur abstrakt (z. B. Leistungsmotivation, Intelligenz) zu formulieren, sondern durch verhaltensnahe Schilderung von Beispielaussagen und/oder Beispielverhaltensweisen zu konkretisieren.

Hier wird die Aufmerksamkeit des Lesers auf die Tatsache gerichtet, dass Schlagworte nicht als Grundlage einer guten Eignungsdiagnostik reichen. Z. B. können „Leistungsmotivation", „Intelligenz" oder auch „Kommunikationsstärke", „Kundenorientierung" oder „Teamfähigkeit" bei einem Servicetechniker etwas anderes bedeuten als im Vertrieb oder bei der Besetzung eines Vorstandspostens. Die Notwendigkeit einer Konkretisierung durch Aussagen zu leistungsförderlichen oder leistungshemmenden Verhaltensweisen wird hier in der Norm betont.

> ANMERKUNG Qualitätsmerkmale der Anforderungsanalyse sind u. a.:
> - die Berücksichtigung unterschiedlicher Perspektiven für den in Frage stehenden Arbeitsplatz, die Ausbildung, das Studium, den Beruf oder die berufliche Tätigkeit, sofern dadurch relevante und eigenständige Erkenntnisse ermittelt werden können;
> - die Nutzung mehrerer, unterschiedlicher Verfahren: Es werden – soweit inhaltlich geboten – verschiedene Analysemethoden eingesetzt wie z. B. erfahrungsgeleitete Beurteilungen (aufgrund von Interviews mit Vorgesetzten, Kollegen usw., Dokumentenanalysen, eigene Arbeitsausführungen durch den Eignungsdiagnostiker) sowie teilstandardisierte oder standardisierte mündliche Befragungen und schriftliche Fragebogen, Checklisten sowie Arbeitsanalyseverfahren. Falls möglich werden auch die Ergebnisse von Bewährungskontrollen herangezogen, um auf diese Art und Weise die bestehenden statistischen Zusammenhänge zwischen Personenmerkmalen einerseits und der Berufsleistung/-zufriedenheit andererseits zu nutzen, um die wesentlichen Eignungsmerkmale zu bestimmen.

EIGNUNGSDIAGNOSTIK

Diese Anmerkung zu den Qualitätsmerkmalen einer Anforderungsanalyse gibt zunächst den Hinweis, dass aus unterschiedlichen Sichtweisen auf eine Aufgabe (aus Sicht eines Stelleninhabers, der Führungskraft, des Ausbildungsleiters usw.) mehr Informationen gewonnen werden können als durch die Betrachtung aus lediglich einer Perspektive. Danach wird ausgeführt, dass eine auf mehrere Methoden gestützte Vorgehensweise in der Regel besser sein wird als die alleinige Nutzung nur einer Erfassungsmethode.

Wichtig ist in diesem Zusammenhang, dass diese beiden genannten Qualitätsmerkmale nur als Beispiele, nicht als normative Vorschrift formuliert sind. Die Anmerkung betont an dieser Stelle lediglich den Grundsatz der diagnostischen Arbeit, dass multimodales oder multiperspektivisches Vorgehen in der Regel bessere Ergebnisse liefert als eine eindimensionale Herangehensweise.

Außerdem beziehen sich die beiden genannten Qualitätsmerkmale auf die Vorgehensweise und nicht auf das Ergebnis. Hier gilt, genauso wie bei der Bewertung von eignungsdiagnostischen Instrumenten später in der Norm, eigentlich nicht eine Methode isoliert betrachtet werden kann, sondern nur das Ergebnis des eignungsdiagnostischen Prozesses als Ganzes. Bei der Anforderungsanalyse empfiehlt sich aus Sicht der Kommentatoren eine Überprüfung auf Reliabilität (ist das Ergebnis replizierbar?) und auf Praktikabilität (liefert die Analyse Ergebnisse, die sinnvoll zur Planung des Gesamtprozesses, zur Auswahl von Instrumenten und zur Bewertung von deren Ergebnissen eingesetzt werden können?).

Zusätzlich erinnert die Anmerkung an die Möglichkeit, die Definition von Anforderungen und Ausprägungen von Personenmerkmalen empirisch aus den Ergebnissen leistungsstarker Mitarbeiter in vorher durchgeführten eignungsdiagnostischen Untersuchungen abzuleiten. Die dazu notwendigen Erkenntnisse über die Zusammenhänge wären typischerweise Ergebnisse von Bewährungskontrollen früher durchgeführter Maßnahmen.

In diesem letzteren Fall ist die Zuordnung von Anforderungen, die sich aus einer Aufgabe ableiten lassen, unmittelbar gegeben. Ohne diese empirische Brücke ist die Übersetzung von Aufgabenmerkmalen (Tätigkeiten und die daraus direkt abzuleitenden Anforderungen) in Personenmerkmale alles andere als trivial. Hierzu gibt die Norm selbst daher keine direkten Hinweise. Diese Übersetzung ist eine Aufgabe, die Erfahrung, Kenntnis von arbeitsanalytischen Instrumenten und Personenmerkmalen, von Konstrukten zu Eignung und der Eignung zugrunde liegender Parameter, deren Verallgemeinerbarkeiten und deren jeweiliger Spezifizität bedarf. Darüber hinaus sind Geduld und Analysefähigkeit nötig, die vielschichtigen Informationen zueinander in Beziehung zu setzen und daraus die richtigen Schlüsse zu ziehen. In der Realität wird die Übersetzung der Anforderungen in Personenmerkmale auch häufig im Rahmen eines iterativen Prozesses stattfinden. Das ist ein weiterer Grund, warum empirische und nicht nur durch persönliche Eindrücke gestützte Bewährungskontrollen wichtig und notwendig sind.

PRAXISBEISPIEL

Anforderungsanalyse zu einer Leitungsfunktion mit hochkomplexer Analysetätigkeit

Anforderungsanalyse zu einer Eignungsbeurteilung einer begrenzten Anzahl von Mitarbeitern einer sehr spezialisierten Behörde, die alle die notwendigen formalen Qualifikationen aufwiesen, um in drei freiwerdende Leitungspositionen befördert zu werden. Ziel war ein vollständiges Ranking aller Kandidaten nach der Gesamtheit ihrer Eignung.

Die Anforderungsanalyse startete mit einer Befragung der Behördenleitung zur Erfassung der Vorgesetztenperspektive. Es folgten Interviews mit Inhabern von Schnittstellenfunktionen und Stelleninhabern zur Erfassung von weiteren Perspektiven auf die Position. Getrennt davon wurden Stellenbeschreibungen, Beurteilungsbogen der Position und weitere Dokumentationen gesichtet. Diese enthielten auch modellhafte Arbeitsproben zu kritischen Sachthemen, die Inhaber vergleichbarer Positionen verantworteten. So wurde eine weitere Perspektive und zusätzliche Methode eingebracht. Durch die Berücksichtigung der Stellenbeschreibungen und Beurteilungsbogen wurde das vorhandene Anforderungsmodell genutzt.

Die Interviews und die Datenanalyse wurden jeweils vom verantwortlichen Diagnostiker oder einem Diagnostiker durchgeführt. Danach erfolgte eine iterative Abstimmung mit den Inputgebern zu dem jeweiligen von den Diagnostikern integrierten Zwischenergebnis der Anforderungsanalyse. Daraus folgte getrennt die Ableitung von Anforderungsprofilen durch die beiden Diagnostiker. Diese wurden beide der Behördenleitung und den Stelleninhabern präsentiert, worauf eine weitere Anpassung und eine Integration zum endgültigen Anforderungsprofil erfolgte. Daran schloss sich die Auswahl geeigneter Verfahren für die anschließende Eignungsdiagnostik an.

Best Practice ist es in diesem Zusammenhang, dass die Ausgangsbasis für die Erarbeitung der Anforderungen der Blick auf die Aufgabe, Tätigkeit oder Position selbst (bei der Berufsberatung der Blick auf die Anforderungen des Berufes allgemein) ist. Diese muss erst so vollständig wie möglich beschrieben sein und dann müssen die Personenmerkmale aus den Anforderungen abgeleitet werden, bevor der verantwortliche Diagnostiker die Verfahren und Instrumente zusammenstellt, mit denen die abgeleiteten Personenmerkmale erfasst und gemessen werden können.

Immer wieder kommt es vor, dass Anbieter von spezifischen Instrumenten präsentieren, welche Skalen sie messen und dann abfragen, was der Auftraggeber sich wohl für Ausprägungen für die jeweilige Skala vorstellt. Ein solches Vorgehen führt häufig zu Lücken und auch Fehlern im Anforderungsprofil. Anforderungen, die außerhalb der Bandbreite des Instrumentes liegen, werden an keiner Stelle im Prozess betrachtet. Eine spontane, subjektive Einschätzung der Ausprägungen ohne eine vorherige systematische Erfassung der Anforderungen der Tätigkeit muss ungenau sein. Hinzu kommt, dass der Auftraggeber in den seltensten Fällen detaillierte Kenntnisse über die Messdimensionen des angebotenen Verfahrens haben kann.

Auch eine rein eigenschaftsgestützte Anforderungsanalyse, wie sie stellenweise in der Literatur beschrieben wird, entspricht nicht den Anforderungen der DIN 33430, denn diese sagt ausdrücklich, dass die Festlegung der Eignungsmerkmale das Ziel und damit Ergebnis einer Analyse ist und nicht der Input für ein bloßes Rating der Ausprägungsmerkmale.

Neben den Anforderungen, die auf der Basis der konkreten Aufgabenstellung und der Rahmenbedingungen der spezifischen Organisation erarbeitet werden, gibt es generalisierbare Erkenntnisse, die ebenfalls wertvoll bei der Definition der zu erfassenden Dimensionen und der zu erwartenden Schwellenwerte bzw. Wertekorridore sind. Diese Informationen liegen meist als wissenschaftlich breit abgesicherte und publizierte Analysen und Metaanalysen (Metaanalyse: Analyse und zusammenfassendes Gesamtergebnis von mehreren publizierten bzw. zuvor durchgeführten einzelnen Analysen bzw. Untersuchungen) vor, von denen insbesondere als fast immer relevant für die Planung von eignungsdiagnostischen Herangehensweisen folgende Quellen mit ihren Ergebnissen anzusehen sind: Hunter & Schmidt, 1998; Hülsheger & Maier, 2008; Salgado & Anderson, 2003; Kramer, 2009.

Es gibt auch Dienstleister, die als besonderes Leistungsangebot Vergleichs- und Referenzwerte zu generalisierbaren Anforderungsprofilen auf der Basis früherer Eignungsuntersuchungen mit Ergebnissen messtheoretisch fundierter Verfahren zur Verfügung stellen. Dabei ist sowohl bei den publizierten als auch bei den urheberrechtlich geschützten Quellen davon auszugehen, dass sie in der Regel nicht die gesamte Spezifität der Anforderungen einer einzelnen Stelle abdecken können, da es sich um generische Betrachtungen von Anforderungen handelt, die in vielen Positionen und Profilen gefunden worden sind. Daher können sie auch nie die in einer gegebenen Organisation oder in einem konkreten Team möglichen speziellen Kompensationsmöglichkeiten abbilden.

Darüber hinaus ist auch bei der Anwendung von generalisierten Erkenntnissen sowohl bei öffentlich zugänglichen als auch bei den urheberrechtlich geschützten Informationen zu hinterfragen, auf welche Kriterien sich die Zielwerte beziehen. Grundsätzlich ist dabei zwischen zwei Kriteriengruppen zu unterscheiden:

1) Es gibt die echten Leistungsmerkmale, wie das Erreichen von Arbeitsergebnissen und deren Qualität, Arbeitsgeschwindigkeit oder Arbeitsmenge. Bei diesen ist zusätzlich von Bedeutung, ob sie objektiv erfasst und gemessen wurden oder ob sie sich auf subjektive Berichte oder Einschätzungen stützen, wie z. B. Vorgesetztenbeurteilungen.

2) Es gibt darüber hinaus oft als Leistungskriterium etikettierte „Erfolgsmaße", wie Geschwindigkeit des hierarchischen Aufstiegs oder Steigerung des Einkommens. Diese sind nicht als echte Leistungsmaße zu betrachten, da in manchen Organisationen Leistung und Erfolg mehr oder weniger entkoppelt sind. Auch gibt es einzelne Personen, die trotz ihres großen Leistungsbeitrags keinen besonderen Ehrgeiz zeigen, Karriere zu machen.

4.1.3 Planung des Gesamtprozesses

Die konkrete und detaillierte Planung des Prozesses, die Auswahl der einzelnen Verfahren, die Festlegung der Reihenfolge der Auswahlstufen, die Festlegung der Berichtslinien und Berichtsformate, Entscheidungsregeln und Feedbackverantwortlichkeiten können sinnvollerweise erst nach der Erfassung der Anforderungen erfolgen. Denn erst wenn geklärt ist, nach welchen aus den detaillierten und konkreten Anforderungen abgeleiteten Kriterien die Eignung festgestellt werden soll, können entsprechende eignungsdiagnostische Verfahren ausgewählt sowie der Ablauf und Aufwand insgesamt abgeschätzt werden.

3.3 Planung

<u>Vor Beginn der Eignungsbeurteilung</u> ist der Gesamtprozess, in den die Eignungsbeurteilung eingebettet ist, zu planen und zu strukturieren.

Die wesentlichen Faktoren der Auftragsklärung unter Berücksichtigung der Ergebnisse der Anforderungsanalyse fließen in den Planungsprozess ein. Am Beispiel eines Personalauswahlverfahrens, also des Anwendungszusammenhangs, der den Hauptgegenstand dieses Kommentars darstellt, erläutert die Norm die grundsätzlichen Planungsaspekte. Die aufgezählten Schritte sind für diesen Anwendungsfall als Muss-Vorschriften formuliert. Dies zeigt noch einmal, dass die Personalauswahl der bedeutendste Anwendungszusammenhang der DIN 33430 ist.

> Handelt es sich z.B. um ein Personalauswahlverfahren, so sind folgende Schritte in die Planung einzubeziehen:
> a) Festlegungen zur Art und Weise der Kandidatenansprache bzw. -gewinnung;

Damit sind die Kommunikationskanäle gemeint, mit denen Kandidaten angesprochen werden, um sie den einzelnen Auswahlschritten zuzuordnen und zur jeweiligen Teilnahme aufzufordern bzw. ihnen die Teilnahme zu ermöglichen und ihnen alle notwendigen Informationen zukommen zu lassen. Die Kommunikation mit den Kandidaten soll wertschätzend, freundlich und zielgruppengerecht sein. Mit der vieldiskutierten Generation „Z" kann zur Terminabstimmung in Instant-Messaging-Diensten wie z.B. Whats-App-Gruppen kommuniziert werden. Der Kandidat für die Position des „Leiters Informatik" wird eher vom Headhunter, vom Personalchef oder vom Geschäftsführer persönlich und ausführlich auf jeden weiteren Schritt eingestimmt. Die Kommunikation wird nach DIN 33430 im Voraus abgestimmt. Das heißt nicht, dass alles im Detail festgelegt werden muss, aber die Zuständigkeiten und internen Abstimmungswege auch für zeitkritische Situationen, die Flexibilität verlangen, sollten geklärt sein. Dazu gehören im Einzelfall auch der Austausch von Notrufnummern und die Klärung der Wochenendverfügbarkeiten von Beratern und oberster Führungsebene.

Ziel und Maßstab dieses Planungsschrittes ist insbesondere, dass keine potenziell geeigneten Kandidaten im Prozess verloren gehen.

> b) Festlegung der Auswahlstufen bis hin zur Endauswahl (die Reihenfolge, in der verschiedene Eignungsmerkmale geprüft werden und welche Methoden dafür in welchem Auswahlschritt gewählt werden, beeinflusst die Qualität des Endergebnisses und die Effizienz des Prozesses);

Das zentrale Anliegen bei der Unterscheidung von geeigneten und ungeeigneten Bewerbern in einem Personalauswahlprozess ist die Vermeidung von Entscheidungsfehlern. Diese Entscheidungsfehler zu minimieren, ist ein Leitprinzip des Planungsprozesses.

Fehler im Auswahlprozess treten dann auf, wenn die Empfehlung nicht mit der späteren Leistungsfähigkeit und -höhe übereinstimmt. Denn es gibt nicht nur die richtig Ausgewählten und die zu Recht Abgelehnten, sondern noch zwei weitere Möglichkeiten, die in folgender Übersicht zu erkennen sind:

	als geeignet bezeichnet	Auswahl	als ungeeignet bezeichnet	Auswahl
geeignet	richtig als geeignet ausgewählt	= richtig	fälschlich als ungeeignet bezeichnet	= falsch β-Fehler
ungeeignet	fälschlich als geeignet ausgewählt	= falsch α-Fehler	richtig als ungeeignet bezeichnet	= richtig

Abbildung 3: Alpha- und Beta-Fehler im Auswahlprozess

Somit lassen sich generell zwei Arten von Zuordnungsfehlern unterscheiden:
- nicht geeignete Personen werden als geeignet ausgewählt (α-Fehler = Alpha-Fehler)
- geeignete Personen werden nicht ausgewählt und als vermeintlich nicht geeignet abgelehnt (β-Fehler = Beta-Fehler).

Der Beta-Fehler bleibt in der Regel unentdeckt und ist auch nicht korrigierbar. Besonders schlecht für die Gesamtauswahl ist es, wenn mehrere falsche Ablehnungen früh im Prozess (z. B. bei der klassischerweise ersten Stufe, der Sichtung der Bewerbungsunterlagen) auftreten.

Bei der Personalauswahl handelt es sich um einen Entscheidungsprozess, der sowohl von der Informationsgewinnung als auch der späteren Verarbeitung der gewonnenen Informationen abhängig ist. So kommen z. B. bei unvollständigen oder falschen Stellenbeschreibungen oder unvollständigen oder gar falschen Angaben über die Stellenanforderungen Bewerbergruppen zusammen, die eigentlich nicht gewollt sind. Man kann also sagen, dass dann, wenn der Bewerbungssituation vorausgehende Fehler gemacht wurden, diese später während des Auswahlverfahrens nicht mehr kompensiert werden können. Diese vorgelagerten Fehler können weiterhin darin bestehen, dass unrealistische Anforderungen für Berufsanfänger formuliert werden, unzweckmäßige Tätigkeiten in einer Stelle zusammengefasst sind oder die Stelle im falschen Medium ausgeschrieben wurde.

Daher ist dem Auswahlprozess immer die Anforderungsanalyse oder mindestens die Sichtung und Prüfung der bereits vorliegenden Anforderungen in Form eines Kompetenzmodells oder vorliegender Stellenbeschreibungen vorauszuschicken.

Daraufhin sind die Auswahlschritte zu planen. Die beste Abstufung der Auswahlschritte ist, für jeden Prozessschritt das jeweils geeignetste Verfahren so einzusetzen, dass für den Gesamtprozess die beste Relation zwischen Alpha- und Beta-Fehler resultiert.

PRAXISBEISPIEL

**Planung des Gesamtprozesses –
Auswahl von Auszubildenden eines Filialbetriebs**

Für einen Einzelhandelsfilialisten werden einmal im Jahr Auszubildende eingestellt. Die Erfahrung hat gezeigt, dass sich viele Bewerber melden und für eine Stelle interessieren. Von diesen Bewerbern ist nach Austausch mit anderen Arbeitgebern vor Ort und nach langjähriger Erfahrung anzunehmen, dass weit mehr als die Hälfte später Schwierigkeiten in der Berufsschule bekommen wird. Auch der Anteil derer, die sich auf der Verkaufsfläche engagiert und situationsangemessen verhalten, beträgt weniger als die Hälfte. Ziel der Auswahl ist daher, Kandidaten herauszufiltern, die im Rahmen der Ausbildung ihren Abschluss schaffen und sich auf der Verkaufsfläche im täglichen Einsatz bewähren. Die Voraussage des Erfolgs in der Berufsschule ist durch einen Leistungstest relativ sicher vorherzusagen. Daher hatte man schon in den letzten Jahren einen Paper-Pencil-Test mit allen Bewerbern durchgeführt. Da die Bewerber zu diesem Termin von der Personalabteilung in die Filialen eingeladen wurden, zeigte sich bei dieser Gelegenheit ein weiteres Problem bei der Auswahl deutlich: Mehr als die Hälfte der jungen Bewerber erschien trotz Zusage nicht zu ihren Testterminen.

Die Lösung bestand darin, in einem vorgeschalteten Onlinetest, diejenigen mit sehr ungünstigen kognitiven Leistungsvoraussetzungen vor dem nächsten Schritt zu erkennen. Das hatte den Nebeneffekt, dass bei allen denjenigen, die den Onlinetest absolviert hatten und zum nächsten Schritt eingeladen wurden, das Engagement für ihre Bewerbung stieg. Sie erschienen zuverlässig zum schriftlichen Testverfahren und zu den Einstellungsgesprächen. Das hatte auch einen positiven ökonomischen Effekt, da die Organisation Filialen in mehreren Bundesländern betreibt und Mitarbeiter der Personalabteilung früher zum Teil vergeblich zu Auswahltagen in die Filialen gereist waren.

Da der Onlinetest wesentlich ökonomischer ist als der Zeiteinsatz der Mitarbeiter der Personalabteilung, wurde er nach einigen Jahren Erfahrung dem Lesen und Analysieren der Bewerbungsunterlagen vorgeschaltet.

Der optimierte Prozess sieht heute so aus:

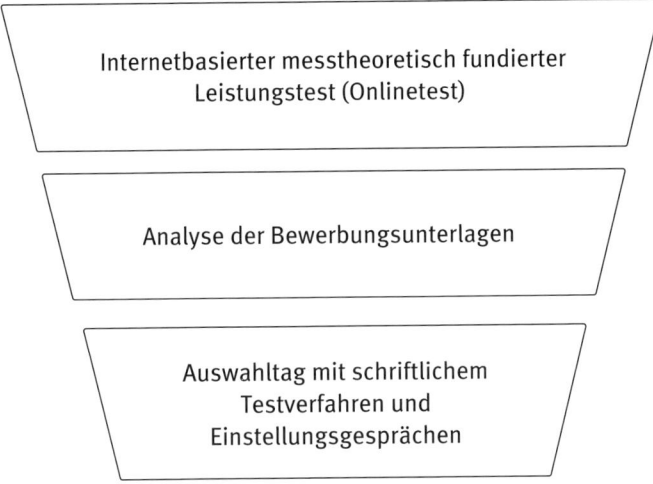

c) Festlegung der Regeln zur Durchführung (auch organisatorische Aspekte wie z. B. Ablauf inklusive Pausen für alle Beteiligten) und Auswertung der Verfahren sowie zur Integration der Ergebnisse der verschiedenen Verfahren zu einem abschließenden Eignungsurteil;

Die organisatorischen Rahmenbedingungen für jeden Auswahlschritt und jedes eingesetzte Auswahlverfahren sind festzulegen.

Zu der Auswertung und Integration von Ergebnissen ist die Logik der aufeinanderfolgenden Auswahlbestandteile zu besprechen und so weit wie möglich festzulegen, bevor die ersten individuellen Ergebnisse vorliegen.

PRAXISBEISPIEL

**Planung des Gesamtprozesses –
Auswahl von Auszubildenden eines Filialbetriebs – Fortsetzung**

Der Onlinetest stellt die erste Stufe dar. Nur die Kandidaten, die im Onlinetest die vorher definierten Schwellenwerte erreichen, werden bei der Dokumentenanalyse berücksichtigt.

In der Dokumentenanalyse werden nur formale Voraussetzungen wie Arbeitserlaubnis, räumliche Zuordnung oder Ähnliches überprüft. Die Ergebnisse des Onlinetests werden in einem weiteren messtheoretisch fundierten Leistungstest vor Ort unter Aufsicht überprüft, bevor die Bewerbungsgespräche mit der Personalabteilung geführt werden. Für diesen Auswahlschritt gilt ein weiterer Schwellenwert im Leistungstest als Kriterium.

Da die Ergebnisse dieses Testverfahrens nur sicherstellen sollen, dass die neuen Auszubildenden die Berufsschule schaffen (wobei keine Bestnoten erwartet werden) und die Kundenorientierung und das Engagement auf der Verkaufsfläche kaum mit den Testergebnissen zusammenhängen, werden diese in den weiteren Auswahlschritten nicht mehr zu Differenzierung von Kandidaten herangezogen.

Die Personalabteilung trifft eine Vorauswahl aufgrund ihrer Gesprächseindrücke im Interview.

Der Filialleiter bekommt nur diejenigen Kandidaten vorgestellt, bei denen eine grundsätzliche Eignung festgestellt wurde. Er trifft seine Auswahl frei nach seinen Eindrücken und Bedürfnissen.

d) Festlegung von Form und Art der Berichtlegung;

Auf der Basis der Anforderungen wird so berichtet, dass die Auswahlergebnisse jedes Auswahlschrittes an der richtigen Stelle für die anstehende Entscheidung aussagekräftig zur Verfügung stehen. Dazu gibt es keine Formvorschrift. Ein informeller Austausch über die Ergebnisse im Rahmen von Gesprächen mit den Entscheidern kann genauso angemessen und normgerecht sein wie ein elaborierter schriftlicher Bericht. Wichtig ist, dass der jeweiligen Entscheidungsinstanz alle Daten zur Verfügung stehen, um eine informierte Entscheidung treffen zu können.

Dokumentations- und Aufbewahrungspflichten, die sich aus Gesetzen, Rechtsvorschriften oder internen Policies ergeben, sind immer zu beachten.

e) Festlegung der weiteren Verwendung des abschließenden Eignungsurteils (unter Beachtung von Datenschutzaspekten);

Ergebnisse von Auswahlprozessen können erfahrungsgemäß auch wertvolle Informationen enthalten, die über die reine punktuelle Eignungsfeststellung hinausgehen. Sie können Informationen für die zuständigen Führungskräfte, für das Coaching der neuen Mitarbeiter, die Gestaltung der Einarbeitung und die Führung allgemein enthalten. Der Umgang mit diesen Informationen ist im Rahmen des Planungsprozesses zu besprechen und möglichst abschließend zu entscheiden. Spätere Abweichungen davon wären dann im Einzelfall zu begründen und ebenfalls zu dokumentieren.

f) Festlegung von Qualitätsmerkmalen des gesamten Vorgehens der Eignungsbeurteilung.

Bereits in diesem Prozessschritt werden die Kriterien diskutiert und vereinbart, nach denen die Qualität der gesamten Vorgehensweise zu späteren Evaluierungszwecken eingeschätzt werden kann und soll. Denn insbesondere, wenn die Vorgehensweise wiederholt werden soll und es eine größere Anzahl von Kandidaten gibt, die den Prozess durchlaufen haben, kann anhand dieser Vereinbarungen geprüft werden, ob die derart getroffenen Eignungsbeurteilungen zum Ziel geführt haben und die gewünschten Effekte in der Organisation hatten.

Auch für die interne Dokumentation und Budgetplanung sind Effizienznachweise von Maßnahmen der Eignungsdiagnostik wertvoll. Als Messgrößen bieten sich in diesem Zusammenhang an:

1) Prozesskennzahlen

Zu der Gesamtanzahl Bewerber kann die Anzahl der je Auswahlschritt erfolgreichen Bewerber in Beziehung gesetzt werden. Dieses Verhältnis kann jeweils in absoluten Zahlen und in Prozent für jeden einzelnen Auswahlschritt angegeben werden. So kann man jeden Auswahlschritt dem entsprechenden Aufwand gegenüberstellen.

Zu der Anzahl der nach der Eignungsfeststellung als geeignet betrachteten Kandidaten kann die Zahl derjenigen in Beziehung gesetzt und jeweils als Prozentanteil angegeben werden, denen ein qualifiziertes Angebot gemacht wurde, sowie die Zahl derer, die am Ende des Prozesses eingestellt wurden.

2) Ergebniskennzahlen

Als Maß für die Qualität des Auswahlprozesses wird allgemein der prozentuale Anteil der eingestellten Bewerber, die die Probezeit bestanden haben, angesehen. Dies kann dichotom unterschieden werden in „bestanden" und „nicht bestanden" oder die Qualität der bestandenen Probezeiten kann auf einem Kontinuum abgebildet/beurteilt werden.

Auch Kennziffern für die Leistung der eingestellten Kandidaten nach der Probezeit können als Qualitätsmaß erfasst werden.

Diese beiden Ergebniskennzahlen werden auch in der ISO 30405 „Guidelines on Recruiting" für diesen Kontext vorgeschlagen. Zusätzlich schlägt die ISO 30405 noch als Wirksamkeitsmaß vor, die Entwicklung der Leistung der Organisationseinheit, für die die neuen Mitarbeiter eingestellt wurden, als aggregiertes Maß zu erfassen. In diesem Kontext werden als Kriterien die Zunahme oder Abnahme von Verkäufen, Abschlüssen oder von Produktivitätsmaßen per Zeiteinheit für die Zeit nach der Einarbeitungszeit von neuen Mitarbeitern genannt.

Als Prozessmaß schlägt die ISO 30405 noch vor, die Anzahl der Tage, die eine Position länger als geplant unbesetzt geblieben war, zu erfassen, um die Geschwindigkeit des Auswahlprozesses insgesamt zu bewerten.

> Sofern Eignungsbeurteilungen in gleicher Art und Weise über einen längeren Zeitraum wiederholt durchgeführt werden, ist spätestens alle drei Jahre zu begründen, ob sich die Regeln zur Durchführung und Auswertung und zum Erstellen des abschließenden Eignungsurteils bewährt haben.

Diese Passage des Normtextes unterstreicht, wie wichtig es auch den Mitgliedern des Arbeitsausschusses war, wann immer möglich die eignungsdiagnostische Vorgehensweise zu evaluieren, um die Qualität des eignungsdiagnostischen Prozesses zu sichern und im Bedarfsfall Verbesserungen ableiten zu können. Eine besondere Bedeutung kommt dabei aus Sicht der Kommentatoren der Kriteriumsvalidierung der eingesetzten Verfahren zu. Diese stellt für die berufliche Eignungsdiagnostik ein besonders wichtiges Gütekriterium dar, weil die Kennziffer für die Kriteriumsvalidität die Höhe des Zusammenhangs zwischen Vorhersagekriterien (Ergebnisse in den eignungsdiagnostischen Verfahren und/oder Gesamtempfehlung) und besonders relevanten beruflichen Leistungskriterien abbildet. Je höher dieser Zusammenhang ist, umso mehr Nutzen stiften die eingesetzten eignungsdiagnostischen Verfahren.

Aus Sicht der Kommentatoren ist zu empfehlen, die Evaluation gleich in der Planung des Vorgehens zu verankern. Eine solche frühe Vereinbarung hilft dabei sicherzustellen, dass eine Evaluation später auch wirklich stattfindet.

4.2 Anforderungen an Verfahren

Ein zentrales Kapitel der DIN 33430 heißt „Anforderungen an Verfahren". Dabei war es explizites Ziel des Arbeitsausschusses, nicht nur messtheoretisch fundierte Verfahren zu behandeln, wie bspw. Persönlichkeitsfragebogen oder Leistungstests, sondern alle in der Praxis sinnvoll einzusetzenden Methoden. Für die messtheoretisch fundierten Verfahren gelten dabei die höchsten Qualitätsanforderungen, aber auch eine Dokumentenanalyse oder ein Interview müssen eine Reihe von Kriterien erfüllen, damit sie einen Beitrag zur beruflichen Eignungsdiagnostik leisten können. Der Verfahrensbegriff laut DIN 33430 umfasst neben den messtheoretisch fundierten Tests (Verfahren im engeren Sinn) auch alle anderen Arten standardisierter Vorgehensweisen bzw. Methoden mit dem Ziel einer berufsbezogenen Eignungsbeurteilung. Um dem Ziel der Norm „Qualitätssicherung und -optimierung von Personalentscheidungen" gerecht zu werden, werden die Anforderungen pro Verfahrenskategorie differenziert.

Zusätzlich trennt die DIN zwischen den Anforderungen an Verfahren und den Anforderungen an die Handhabungs- und Verfahrenshinweise (normative Anhänge A und B). Die durchaus recht umfangreichen Anforderungen an die Handhabungs- und Verfahrenshinweise wurden von Kritikern dieser Norm als unnötiger bürokratischer Aufwand angesprochen oder auch in dem Sinne kommentiert: „Auf die Gütekriterien der Verfahren legt die Norm keinen Wert, aber auf eine umständliche, arbeitsintensive Dokumentation." Das Gegenteil ist der Fall.

Nur eine nachvollziehbare, dem Anwender zugängliche Dokumentation bzw. Beschreibung der Verfahren stellt sicher, dass Verfahren behauptete Qualitätsaspekte auch tatsächlich aufweisen. Eine derartige Dokumentation ist Voraussetzung dafür, sich einen Überblick über sinnvolle Verfahren für die jeweilige Aufgabenstellung zu verschaffen. Standardisierte Handhabungs- bzw. Verfahrenshinweise, die alle Informationen über den Grad der Erfüllung der verfahrensspezifischen Anforderungen laut DIN 33430 enthalten, sind als ein wirkungsvolles Instrument der Qualitätssicherung zu verstehen.

Gegenüber der ersten Version der DIN 33430 aus dem Jahr 2002 wurden die Anforderungen an Verfahrenshinweise gekürzt und modifiziert und in die normativen Anhänge A und B überführt. Die Trennung zwischen Handhabungs- und Verfahrenshinweisen wurde vorgenommen, um für messtheoretisch fundierte

Fragebogen und Tests, die den höchsten Anforderungen genügen müssen, auch höhere Anforderungen an die Dokumentation des jeweiligen Erfüllungsgrades dieser Anforderungen formulieren zu können.

Da die beiden Begriffe „Handhabungshinweise" und „Verfahrenshinweise" in der Norm nicht definiert werden und sie auch nicht dem allgemeinen Sprachgebrauch entsprechen, werden diese hier erläutert:

- Handhabungshinweise beziehen sich vor allen Dingen auf die standardisierten Durchführungsbedingungen des jeweiligen Verfahrens inklusive seiner Zielsetzung und seiner Anwendungsbereiche. Solche Handhabungshinweise müssen für alle Verfahrenskategorien vorliegen.

- Verfahrenshinweise sind wesentlich umfangreicher. Sie beinhalten über die Handhabungshinweise hinaus Angaben zu Konstruktionshintergrund, wissenschaftlichen Gütekriterien, zugrunde liegenden empirischen Untersuchungen usw. Die DIN 33430 fordert Verfahrenshinweise lediglich für messtheoretisch fundierte Fragebogen und Tests.

5 Anforderungen an Verfahren

5.1 Kategorisierung von Verfahren

Im Folgenden werden Anforderungen an Verfahren formuliert. Dabei wird zwischen allgemeinen Anforderungen einerseits und verfahrensspezifischen Anforderungen andererseits unterschieden. Die verschiedenen Verfahren wurden nach der Herkunft der Informationen in Kategorien zusammengefasst und sind in folgende fünf Gruppen unterteilt:

a) Dokumentenanalyse (z. B. die Analyse und Interpretation von Hochschul-,/Schul- und Arbeitszeugnissen, dem Lebenslauf, von Beurteilungen, der Ergebnisse von Internetrecherchen);

b) direkte mündliche Befragungen (z. B. Interview mit Kandidaten; Gespräch mit einem Referenzgeber);

c) Verfahren zur Verhaltensbeobachtung und Verhaltensbeurteilung (z. B. Rollenspiele, Gruppendiskussionen, Präsentationsübungen, Arbeitsproben);

d) messtheoretisch fundierte Fragebogen (z. B. Persönlichkeitsfragebogen, Interessenfragebogen);

e) messtheoretisch fundierte Tests (z. B. Intelligenztests, Wissenstests, Situational Judgement Tests[14]).

Die Zuordnung eines Verfahrens zu einer der fünf Kategorien ist im Einzelfall zu klären; sie kann nicht allein aufgrund der Bezeichnung des Verfahrens vorgenommen werden.

Bei der Beurteilung der notwendigen Qualifikation der an der Eignungsbeurteilung beteiligten Personen ist die Kategorie des jeweiligen Verfahrens zu berücksichtigen.

Assessment-Center/Development Center, Management-Audits usw. bestehen aus einem Methoden-Mix. Hinsichtlich der Anforderungen ist jede „Übung" einzeln zu betrachten und einer Kategorie und deren Anforderungen zuzuordnen.

Die in der Norm gewählte Kategorisierung von Verfahren wurde nach ihrer Datenquelle vorgenommen und entspricht einem breiten Konsens – siehe hierzu auch Kersting (2011). Die Reihenfolge der Nennung entspricht einer zunehmenden wissenschaftlichen Absicherung, d. h. die Anforderungen steigen von der Verfahrenskategorie a) bis zur Kategorie e). Von messtheoretisch fundierten Tests sind in der Regel der höchste Grad an Objektivität[15],

---

14   Begriffsdefinition in DIN 33430:

2.17   Situational Judgement Tests

spezifische Form eines messtheoretisch fundierten Tests, der eignungsrelevante Situationen vorgibt und als Antwort die Wahl von Handlungsmöglichkeiten und/oder die Bewertung der Angemessenheit oder Wirksamkeit verschiedener Handlungsoptionen erhebt

15   Begriffsdefinition in DIN 33430:

2.14   Objektivität

Grad, in dem die mit einem Verfahren zur Eignungsbeurteilung erzielten Ergebnisse unabhängig vom (verantwortlichen) Eignungsdiagnostiker und/oder seinen Beobachtern sowie von weiteren irrelevanten Einflüssen sind

Anmerkung 1 zum Begriff: Zu unterscheiden ist zwischen der Objektivität der Durchführung, derjenigen der Auswertung und derjenigen der Interpretation.

Anmerkung 2 zum Begriff: Irrelevante Einflüsse können z. B. situative Einflüsse sein.

Zuverlässigkeit[16] (Reliabilität) und Gültigkeit[17] (Validität) zu erwarten, wenn sie entsprechend der DIN 33430 eingesetzt werden.

5.2 Allgemeine verfahrensunabhängige Anforderungen

Zu jedem Verfahren müssen Handhabungshinweise vorliegen. Anforderungen an Handhabungshinweise sind in Anhang A formuliert. Die Handhabungshinweise müssen Eignungsdiagnostikern und Beobachtern, die das Verfahren anwenden sowie in Sonderfällen auch Außenstehenden zugänglich sein.

Handhabungshinweise dienen dem verantwortlichen Eignungsdiagnostiker dazu, nach der Auftragsklärung und Anforderungsanalyse die Einsatzfähigkeit und Angemessenheit von Verfahren zu beurteilen. Ferner müssen sie den Anwendern des Verfahrens zugänglich sein, um dieses – nach einer je nach Verfahrenskategorie angemessenen Schulung bzw. Einweisung – standardisiert einsetzen zu können.

Bei der Formulierung „… sowie in Sonderfällen auch Außenstehenden zugänglich sein" ist an Situationen zu denken, in denen z. B. ein unabhängiger Gutachter die Qualität des Verfahrens bzw. die Geeignetheit für den jeweils intendierten Einsatz beurteilen soll. Auch für den Fall einer beabsichtigten Zertifizierung eines eignungsdiagnostischen Gesamtprozesses gemäß DIN 33430 wäre eine Zugänglichkeit der Handhabungshinweise (oder im Fall von messtheoretisch fundierten Fragebogen und Tests der Handhabungs- und Verfahrenshinweise) für den fachlichen Experten der Zertifizierungsstelle notwendig.

---

16 Begriffsdefinition in DIN 33430:

2.20 Zuverlässigkeit; Reliabilität

Grad der Genauigkeit eines Verfahrens, mit dem es das Merkmal erfasst

Anmerkung 1 zum Begriff: Die Zuverlässigkeit eines Verfahrens kann unter der Voraussetzung gleichbleibender Merkmalsausprägung als die Replizierbarkeit von Messergebnissen verstanden werden.

17 Begriffsdefinition in DIN 33430:

2.9 Gültigkeit; Validität

Ausmaß, in dem Interpretationen von eignungsdiagnostischen Informationen zutreffen

Anmerkung 1 zum Begriff: Bei der Überprüfung der Gültigkeit (Validität) wird mittels verschiedener Methoden beurteilt, wie angemessen die Interpretationen der Informationen sind, die mit einem Verfahren erhoben werden.

4 Eignungsdiagnostik als Kernfunktion von Personalmanagement

Es sollte darauf geachtet werden, welche Informationen über das Verfahren den Kandidaten öffentlich zugänglich sind (z. B. Informationen über Testaufgaben, Interviewfragen, und Assessment-Center-Übungen) und abgeschätzt werden, ob diese Informationen die Verfahrensnutzung beeinträchtigen.

So dürfen Lösungen z. B. für Leistungstests nicht öffentlich zugänglich sein, weil diese sonst in unkontrollierter Weise kommuniziert werden können und dies die Ergebnisse beeinträchtigen kann. Wenn die Informationen über ein Verfahren unabgestimmt oder unkontrolliert zirkulieren, widerspricht das auch der Forderung nach Fairness, denn Bewerber mit mehr Vorinformationen wären deutlich im Vorteil. Bei über öffentliche Quellen zu beziehenden Tests kann grundsätzlich nicht ausgeschlossen werden, dass Bewerber sich Zugang zu den Testaufgaben und Lösungen verschaffen. Das Gleiche gilt für über Jahre unverändert durchgeführte Fallstudien im Rahmen von wiederholt durchgeführten Assessment Centern. Entsprechend sind die Ergebnisse von solchen Verfahren bei Auswahlentscheidungen mit Aufmerksamkeit für diese Zusammenhänge zu interpretieren.

Bei der Frage, wie nach Abschluss der Eignungsbeurteilung mit den für die Eignungsbeurteilung gesammelten Daten und Dokumenten (z. B. Bewerbungsunterlagen, Ergebnisse von messtheoretisch fundierten Fragebogen und Tests usw.) umzugehen ist, sind die aktuell gültigen gesetzlichen Regelungen zu beachten.

Generell sind beim gesamten eignungsdiagnostischen Vorgehen die rechtlichen Rahmenbedingungen zu beachten. Dies bedürfte eigentlich keiner besonderen Erwähnung im Normtext. Dennoch war dem Arbeitsausschuss der dezidierte Hinweis auf Einhalten der Datenschutz- und Datensicherheitsbestimmungen ein wichtiges Anliegen. Dies auch deshalb, weil in der betrieblichen Praxis diesem wichtigen Aspekt erfahrungsgemäß oft zu wenig Beachtung geschenkt wird. Eine bereits in der Planungsphase vorgenommene Festlegung, wer Kenntnis von den gewonnenen Daten und Ergebnissen der Eignungsbeurteilung bekommt und wie mit den gesammelten Daten und Dokumenten umzugehen ist, ist auch schon deshalb dringend zu empfehlen, weil diese Fragen in der Regel für externe und in besonderem Maße für interne Teilnehmer an eignungsdiagnostischen Untersuchungen von höchstem Interesse sind. Ein proaktives Informieren über den späteren Umgang mit den gewonnenen Ergebnissen kann hier einen wichtigen Beitrag zur Vertrauensbildung darstellen.

Speziell zu klärende Fragen sind:
- Dienen die Ergebnisse einer einmaligen Auswahlentscheidung und werden anschließend gelöscht?
- Oder sollen die Ergebnisse auch für spätere Aufstiegsentscheidungen und dem Ableiten von Personalentwicklungsmaßnahmen längerfristig zur Verfügung stehen?
- Wer hat Zugang zu diesen Daten?
- Wie lange haben die Ergebnisse Gültigkeit?

Bei eignungsdiagnostischen Untersuchungen, die Voraussetzung für die Aufnahme in sogenannte ‚High Potential Pools', ‚Entwicklungspools' etc. sind, ist zu klären, nach welchem Zeitabschnitt sich ein einmal abgelehnter Mitarbeiter neu bewerben kann. Dabei sollte der Zeitabschnitt nicht zu kurz gewählt werden, damit der Mitarbeiter eine realistische Chance hat, um festgestellte (Kompetenz-)Defizite beheben zu können. Andererseits ist dem durchaus verständlichen Wunsch mancher Unternehmen, die mit entsprechendem Aufwand erhobenen Daten dauerhaft zu speichern, eine klare Absage zu erteilen, weil die negativen Auswirkungen deutlich überwiegen würden. Denn auch bei recht stabilen Persönlichkeitsmerkmalen kann nicht davon ausgegangen werden, dass sie für ein gesamtes Berufsleben in Stein gemeißelt sind. Zusätzlich hätte es auch motivationstechnisch enorm negative Auswirkungen, wenn ein Mitarbeiter mit für ihn eher ungünstigen Ergebnissen ohne Möglichkeit auf eine Korrektur auf Dauer leben müsste. Welche Zeiträume für die Gültigkeit von Messergebnissen zu empfehlen sind, hängt von der zeitlichen Stabilität der Messergebnisse, den gewünschten Motivationseffekten und weiteren spezifischen Faktoren ab. Es ist zu empfehlen, dass diese für alle Beteiligten dringlichen Fragen bereits in der Auftragsklärung geklärt werden.

Anhang A
(normativ)

Anforderungen an Handhabungshinweise für Verfahren

A.1 In den Handhabungshinweisen sollte die Zielsetzung des Verfahrens verständlich beschrieben sein.

A.2 In den Handhabungshinweisen sollten die Anwendungsbereiche des Verfahrens verständlich benannt sein. Es sollte z.B. angegeben sein, bei welcher Personengruppe (z.B. Bildungsstand) das Verfahren eingesetzt werden kann. Sind missbräuchliche Anwendungen eines Verfahrens zur

Eignungsbeurteilung nahe liegend, sollten die Handhabungshinweise diesbezüglich spezifische warnende Hinweise enthalten.

A.3 Sofern die Handhabung des Verfahrens besondere Qualifikationen erfordert, sind diese für die Handhabung erforderlichen besonderen Qualifikationen zu nennen.

A.4 Die Handhabungshinweise sollten Informationen liefern, aus denen der Anwender den hinsichtlich der folgenden Aspekte entstehenden Aufwand abschätzen kann:
a) Materialien;
b) Personal;
c) Räumlichkeiten.

A.5 Die Handhabungshinweise sollten Informationen liefern, aus denen der Anwender den hinsichtlich der folgenden Aspekte entstehenden zeitlichen Aufwand abschätzen kann:
a) für den Kandidaten;
b) für den Anwender bei der Routinevorbereitung;
c) für den Anwender bei der Durchführung;
d) für den Anwender bei der Auswertung.

A.6 Sofern es eine Interaktion mit den Kandidaten gibt, sollten die Handhabungshinweise verständliche Instruktionen für den Kandidaten beinhalten. Diese tragen dazu bei, die Wahrscheinlichkeit von Nachfragen zu verringern. Beispiele für häufige, aber (durch entsprechende Instruktionen zu Beginn des Verfahrens) vermeidbare Nachfragen:
– Darf man sich Notizen machen?
– Wird die zur Verfahrensbearbeitung zur Verfügung stehende Zeit bekannt gegeben?
– Darf man Teilaufgaben überspringen?
– Gibt es Minuspunkte bzw. Abzüge für falsche Antworten?

A.7 Die Handhabungshinweise sind so zu gestalten, dass verschiedene Personen mit den erforderlichen Qualifikationen in der Lage sind, die Verfahren allein aufgrund dieser Handhabungshinweise auf die gleiche Art und Weise
a) durchzuführen;
b) auszuwerten;
c) und deren Ergebnisse zu interpretieren.

Die Anforderungen an Handhabungshinweise sind in der Norm konkret beschrieben und bedürfen keines weiteren erläuternden Kommentars. Die sehr konkrete Ebene wurde bewusst gewählt, um bei der Planung eines eignungsdiagnostischen Prozesses schnell einen Überblick über unterschiedliche potenziell zur Verfügung stehende Verfahren bekommen zu können.

Lediglich der Passus „Sind missbräuchliche Anwendungen eines Verfahrens zur Eignungsbeurteilung nahe liegend, sollten die Handhabungshinweise diesbezüglich spezifische warnende Hinweise enthalten." (A.2, Satz 2) erscheint uns erklärungsbedürftig. Hier ist z. b. an folgende Zusammenhänge zu denken:

- Überinterpretieren von Daten aus der Dokumentenanalyse (z. B. Ableiten von Persönlichkeitseigenschaften aus Lebenslaufdaten oder dem Bewerbungsfoto nach subjektiven Persönlichkeitstheorien):
  Dies widerspricht einer systematischen, nachprüfbaren Vorgehensweise und lässt erfahrungsgemäß den Beta-Fehler (irrtümliche Abweisung) ansteigen, wenn möglichst viele Kandidaten bereits nach der Dokumentenanalyse abgelehnt werden. Aber auch der Alpha-Fehler (irrtümliche Einstellung) kann steigen, wenn aus Daten unzulässige positive Schlüsse gezogen werden.

- Einsatz von zur Personalentwicklung konstruierten Persönlichkeitsfragebogen in der Personalauswahl:
  Dies widerspricht dem Grundsatz, beim Einsatz von Verfahren auf die Übereinstimmung von Konstruktionshintergrund und Anwendungszusammenhang zu achten (siehe Kapitel 5.3.3 der DIN 33430 und Kommentar-Kapitel 4.2.2).

- Einsatz von unbeaufsichtigten Online-Leistungstests zur Bestenauswahl:
  In diesem Fall wäre nicht sichergestellt, dass die Leistung tatsächlich vom jeweiligen Kandidaten erbracht wurde.

- Einsatz von Screeningverfahren, die für die Vorselektion großer Bewerbermengen entwickelt wurden, zur Einzelfalldiagnostik:
  Screeningverfahren erfassen in der Regel einzelne Eignungsmerkmale in möglichst kurzer Zeit. Dies geht zu Lasten der Messgenauigkeit, was bei einer groben Vorselektion durchaus in Ordnung sein kann. In der Einzelfalldiagnostik muss es jedoch darum gehen, eine maximal mögliche Messgenauigkeit zu realisieren.

Die Norm definiert neben den allgemeinen Anforderungen an Verfahren für jede Verfahrenskategorie spezifische Anforderungen. Die Differenzierung wurde bewusst vorgenommen, um nicht nur den kleinsten gemeinsamen Nenner an

Mindestanforderungen festschreiben zu können, sondern um pro Verfahrenskategorie sinnvolle Anforderungen zu formulieren, die einerseits die Qualität nachweislich erhöhen und die andererseits mit einem vertretbaren Aufwand realisierbar sind.

4.2.1 Dokumentenanalyse: Lebensläufe, Bewerbungsschreiben, Zeugnisse, Internetquellen

Im Normkapitel 5.1 Kategorisierung von Verfahren werden die verschiedenen Verfahren nach der Herkunft der Informationen in Kategorien zusammengefasst und in fünf Gruppen unterteilt. Die erste lautet „Dokumentenanalyse" und wird durch die Beispiele Analyse und Interpretation von „Bewerbungsschreiben", „Lebenslauf", „Hochschul-, Schul- und Arbeitszeugnisse" und „Referenzschreiben" konkretisiert. Damit wird deutlich, dass auch die Analyse der Bewerbungsunterlagen, von Zeugnissen, von schriftlich vorliegenden Referenzen, aber auch die Recherche und Bewertung von Informationen, die online über Kandidaten verfügbar sind, Gegenstand der DIN 33430 sind und als Verfahren im Sinne der Norm in die Verfahrensklasse „Dokumentenanalyse" einzuordnen sind.

Über die allgemeinen Anforderungen an Verfahren hinaus sind auch zu dieser Verfahrenskategorie einige spezifische Anforderungen formuliert.

> **5.3 Verfahrensspezifische Anforderungen**
>
> **5.3.1 Anforderungen an die Dokumentenanalyse**
>
> Die Dokumentenanalyse bezieht sich auf objektive, eignungsrelevante Daten zur Lebensgeschichte, die in schriftlicher oder elektronischer Form vorliegen und zum Zwecke der Eignungsbeurteilung analysiert werden. Dazu gehören z. B. Bewerbungsschreiben, Lebenslauf, Hochschul-, Schul- und Arbeitszeugnisse oder Referenzschreiben.

Zunächst wird die Verfahrenskategorie spezifiziert. Weitere Beispiele für die Verfahrenskategorie Dokumentenanalyse sind formalisierte Beurteilungen oder auch die Ergebnisse von Internetrecherchen. Die in der Norm 33430 genannten Anforderungen beziehen sich auf alle Analysen von schriftlichem Material.

Sofern von den Kandidaten erwartet wird, bestimmte Dokumente für die Analyse zur Verfügung zu stellen, muss dies eindeutig mitgeteilt werden. Es ist zu regeln, wie mit dem Fehlen von einzelnen Dokumenten und Teilinformationen in Dokumenten umzugehen ist.

Die Norm fordert an dieser Stelle eindeutig und mit einer Muss-Vorschrift Transparenz für die Bewerber darüber, welche Unterlagen von ihnen erwartet werden. Darüber hinaus formuliert sie weiterhin eine Muss-Vorschrift, dass auch der Umgang mit eventuell fehlenden Informationen zu regeln ist. Damit drückt sie einen hohen Anspruch an den Formalisierungsgrad der Informationsverarbeitung aus.

Der Hintergrund dieser klaren Vorgabe ist die häufig zu beobachtende Praxis, Bewerbungsunterlagen weitergehend zu interpretieren, als es für die Effizienz und/oder Qualität des gesamten Prozesses zuträglich ist. Studien haben gezeigt, dass bei der Sichtung von Lebensläufen und Anschreiben zu oft falsche Schlüsse auf Eigenschaften und Persönlichkeit der Kandidaten gezogen werden. Die Norm setzt an dieser Stelle ein Gegengewicht und fordert daher klare, explizite Regeln für die Auswertung von Dokumenten aus den Bewerbungsunterlagen.

PRAXISBEISPIEL

Dokumentenanalyse – Stellenausschreibung Ingenieurbüro

Ein Ingenieurbüro schreibt eine Stelle für einen Planer aus. In der Stellenausschreibung wird darauf hingewiesen, dass man einen tabellarischen Lebenslauf und für jede dort genannte Berufsstation ein Arbeitszeugnis erwartet. Ein Bewerber erwähnt unter drei anderen, längeren Beschäftigungen in seinem Lebenslauf seine vorletzte Station, eine relativ kurze Anstellung in einem Planungsbüro, legt aber kein Arbeitszeugnis zu dieser Stelle vor.

Der für die Einstellung und vorausgehende Auswahl zuständige Leiter der Planungsabteilung schließt daraus zunächst auf mangelnde Sorgfalt. Der Personalleiter telefoniert anschließend dennoch mit dem Bewerber und findet durch geschicktes Nachfragen heraus, dass der damalige Vorgesetzte des Bewerbers verstorben war und daher nie ein Zeugnis geschrieben hatte. Der Nachfolger hatte es bisher nicht geschafft, ein fehlerfreies Zeugnis anzufertigen, da die Firma durch den Tod des Inhabers in Schieflage geraten war und der Nachfolger sich, völlig überfordert, um alles gekümmert hatte,

> nur nicht um Zeugnisse für ausgeschiedene Mitarbeiter. Diese Schilderung konnte der Personalleiter auch durch ein weiteres Telefonat verifizieren. Der Bewerber war unsicher gewesen, inwieweit solche besonderen Umstände seines Ausscheidens einen zukünftigen Arbeitgeber irritieren könnten und hatte sich dann entschieden, seine Bewerbung ohne das fehlende Zeugnis zu verschicken, insbesondere auch weil in der Stellenanzeige kein Ansprechpartner und keine Telefonnummer für Nachfragen angegeben waren.
>
> Das gezeigte Verhalten stand also eher für soziale Unsicherheit als für mangelnde Ordnung und Sorgfalt. Da es in der ausgeschriebenen Stelle aber eher darauf ankam, dass der Planer einem verantwortlichen Planer zuarbeitete und Schüchternheit und soziale Unsicherheit keine Ausschlusskriterien nach dem Anforderungsprofil waren, wurde der Kandidat zum Vorstellungsgespräch eingeladen, erhielt später die Stelle und bewährte sich in seinem Aufgabengebiet.

Für die Dokumentenanalyse sind Verantwortliche zu bestimmen; diese stellen auch die Einhaltung der einschlägigen aktuellen Datenschutz- und Datensicherheitsbestimmungen sicher.

Die Verantwortung für die Analyse von Daten muss einer Person zugeordnet werden, die für diesen Schritt und dessen Ergebnisse die Verantwortung übernimmt. Dies gilt für alle Formen von schriftlichem Material unabhängig von der Form und dem Kanal der Übermittlung. Handgeschriebene Lebensläufe, die mit der Post oder per Kurier geschickt werden, fallen genauso darunter, wie ein Bewerbungsschreiben, das per E-Mail eingegangen ist, und Recherchen im Internet.

Bei einigen dieser Kanäle gibt es zwei Ansätze: Die Informationen können von Menschen analysiert und ausgewertet werden oder von Maschinen. Bei der Auswertung durch Menschen gilt ganz klar die Vorgabe von vorher abgestimmten Bewertungs- und Entscheidungsregeln. Der Verantwortliche steht dabei jeweils für den Prozess, für die Anwendung von Regeln und für das Ergebnis ein. Insbesondere Lebenslaufanalysen oder Internetrecherchen erfolgen aber mehr und mehr automatisiert. Dabei stellt sich die Frage der Verantwortlichkeit neu. Aus der Norm ergibt sich, dass es auch bei automatisierten Analysen einen Verantwortlichen geben muss.

Bei den Ergebnissen von Internetrecherchen ist insbesondere darauf zu achten, aus welchem Kontext (privat, beruflich) die Informationen stammen und wer die Informationen veröffentlicht hat. Es dürfen nur anforderungs- und berufsbezogene Informationen aus rechtlich zulässigen und glaubwürdigen Quellen verwendet werden.

Bei Internetrecherchen ist es darüber hinaus ganz besonders wichtig, dass Informationen, die analysiert werden, den geforderten Anforderungsbezug haben und dass die recherchierten Daten aus einem beruflichen Kontext stammen.

Die Kriterien und Regeln, nach denen die Dokumente und Fakten analysiert und bewertet werden, sind aus dem Anforderungsprofil abzuleiten. Sie sind – wie auch die Regeln, nach denen die verschiedenen Einzelinformationen aus unterschiedlichen Dokumenten zu gewichten sind – vorab festzulegen. Diejenigen eignungsrelevanten Elemente der Bewerbungsunterlagen, die objektiv zu ermitteln sind (z. B. Vorhandensein eines bestimmten Abschlusses, Grenzwerte für bestimmte Noten, Jahre der Berufserfahrung usw.), sollten automatisiert (z. B. PC- oder Online-gestützt) oder manuell nach eindeutigen Regeln bewertet werden.

Daraus folgt, dass die der Dokumentenanalyse zugrunde liegenden Auswertungsregeln auch bei automatisierter Auswertung transparent sein müssen, mindestens für den verantwortlichen Eignungsdiagnostiker und gegebenenfalls auch für den Auftraggeber.

Wenn diese Transparenz nicht gegeben ist, weil ein System mit formalisierten und elaborierten Auswertungsregeln in Form von urheberrechtlich geschützten und geheimen Algorithmen zum Einsatz kommt, sind die gleichen Anforderungen zu stellen wie für messtheoretisch fundierte Verfahren. Insbesondere die Fragen nach Zuverlässigkeit, Objektivität, Fairness und Gültigkeit sind dabei von Bedeutung.

Aus der Sicht der Kommentatoren sollte der Einsatz solcher automatisierter Auswertungen den Bewerbern transparent gemacht werden, um im Fall von Internetrecherchen zu ermöglichen, dass die daraus abgeleiteten Beurteilungen hinterfragt werden. Im Fall von automatischen Lebenslaufanalysen sollten Kandidaten die Möglichkeit haben, ihre Darstellung den Eigenheiten der automatisierten Textanalyse anzupassen.

Im Folgenden werden zu verschiedenen Dokumentenarten und Kanälen Anmerkungen gemacht, wie die Norm zu verstehen ist. Diese Anmerkungen sind grundsätzlich und beziehen sich auf die jeweilige Dokumentenart, unabhängig von der Priorität und der Position der jeweiligen Analyse im Prozess. Abhängig vom Prozess und von der Funktion des jeweiligen Analyseschritts kann die Intensität der Analyse variieren.

Bewerbungsunterlagen:
Bei erster Sichtung der eingegangenen Bewerbungsunterlagen erfolgt in der Regel die Prüfung, ob die formalen Voraussetzungen des Bewerbers gemäß der Stellenausschreibung erfüllt sind. Beruhend auf der Annahme, dass menschliches Verhalten über einen längeren Zeitraum stabil bleibt, werden die Angaben in Schul- und Ausbildungszeugnissen, im Lebenslauf, in Zertifikaten, Referenzen und Beurteilungen früherer Arbeitgeber und weitere Informationen über die Vergangenheit eines Bewerbers analysiert und interpretiert. Viele dieser Informationen werden zur eignungsdiagnostischen Prognose herangezogen. Dabei sollte der verantwortliche Diagnostiker immer darauf achten, dass die Auswerteregeln sich wirklich auf valide und belastbare Zusammenhänge beziehen. Empfehlenswert ist, dass dieser Schritt sich immer auf die Selektion der mit hoher Wahrscheinlichkeit nicht zur Ausübung der Tätigkeit Geeigneten konzentriert, also der Bewerber, die aufgrund rein formaler Aspekte abgelehnt werden müssen.

Bewerbungsschreiben:
Das Bewerbungsschreiben wird als Visitenkarte des Bewerbers gesehen und gibt somit erste Antworten auf die Frage: Wer ist der Bewerber? Oft werden auch unter formalen und inhaltlichen Gesichtspunkten weitergehende Interpretationen vorgenommen. Das ist aus Sicht der Kommentatoren nicht zu empfehlen. Aus dem Bewerbungsschreiben sollten lediglich relevante Informationen über den Bewerber wie z. B. seine Veränderungsmotivation für die weitere Kommunikation genutzt und darüber hinaus nicht weiter interpretiert werden. Massive Rechtschreib- und Grammatikfehler wären bei Positionen, bei denen es auf eine korrekte Rechtschreibung ankommt, jedoch durchaus als relevante Informationen über anforderungsrelevante Kompetenzen zu werten.

Lebenslauf:
Vielfach wird dem Lebenslauf besondere Bedeutung beigemessen. Die Angaben werden analysiert und als Belege für bisher Geleistetes sowie als Indikatoren künftiger Leistungs- und Verhaltensmuster gedeutet. Dabei sollte der verantwortliche Diagnostiker immer darauf achten, dass die Auswerteregeln sich wirklich auf valide und belastbare Zusammenhänge beziehen.

Arbeitszeugnisse:

Es gibt zwei Arten von Arbeitszeugnissen: im einfachen Zeugnis sind mindestens Angaben zur Person, zur Dauer und zur Art der bisherigen Beschäftigung enthalten, das qualifizierte Zeugnis umfasst weiterhin Aussagen zu Führung und Leistungen. Des Weiteren kann man unterscheiden zwischen dem

- gesetzlich geregelten Zeugnis, das bei Beendigung des Arbeitsverhältnisses erteilt wird,
- dem Zwischenzeugnis, das im Laufe des Arbeitsverhältnisses ausgestellt wird, und
- dem vorläufigen Zeugnis, das wegen einer bevorstehenden Veränderung des Arbeitsverhältnisses erteilt wird.

Auch Arbeitszeugnisse haben nicht die Aussagekraft, die ihnen vielfach zugeschrieben wird.

Zur Formulierung und damit Analyse von Arbeitszeugnissen gibt es zwar codierte Aussageformen. Z. B. wird oft vorgetragen, dass man von sehr guten Leistungen ausgehen könne, wenn die Formulierung „stets/ständig zu unserer vollsten Zufriedenheit" zu finden ist. Da es zu diesem Thema ganze Bibliotheken gibt, man aber im Einzelfall doch nicht davon ausgehen kann, ob der Verfasser des Zeugnisses wirklich die Codierung kannte und benutzt hatte, oder nur ein anderes zufällig vorliegendes Zeugnis als Copy-Paste-Vorlage genutzt hat, empfehlen die Autoren, auf solche Zeugnisdeutungen ganz zu verzichten und zu valideren Verfahren zu greifen. Aus Arbeitszeugnissen sollte unseres Erachtens lediglich abgeleitet werden, ob geforderte Erfahrungen in bestimmten Tätigkeitsbereichen vorliegen könnten oder nicht.

Schulzeugnisse:

Schulnoten scheinen objektiv zu sein, sind es jedoch nicht. Aus Schulnoten wird oft nicht nur auf Kenntnisse in einem Fach geschlossen, sondern darüber hinaus auch auf z. B. Lernfähigkeit oder Intelligenz. Insbesondere die Veränderungen in unserem Bildungssystem haben auch dazu geführt, dass hier eine einstmals gültige Quelle zur Beurteilung insbesondere von Berufsanfängern immer ungeeigneter geworden ist. Daher sollten validere Daten zur Entscheidung herangezogen werden.

> Eignungsirrelevante Informationen sind nicht zu verwenden.

Die Aussage bedeutet, dass für ALLE Informationen, die für die Eignungsbeurteilung herangezogen werden, die Anforderungsrelevanz gegeben sein muss.

Die Begründung der Anforderungsrelevanz muss Fakten- und Daten-geleitet sein und nicht im Wesentlichen weltanschaulich und ideologisch oder von persönlichen Glaubenssätzen geleitet.

> **ZUSAMMENFASSUNG**
>
> **Anforderungen an die Dokumentenanalyse**
>
> Damit bei der Analyse der Bewerbungsunterlagen insgesamt die analysierenden Personen möglichst keine Wahrnehmungsfehler begehen und keine falschen Schlussfolgerungen ziehen, sollten die bei der Auswertung anzuwendenden Regeln formalisiert vorgegeben werden (z. b. Vorhandensein formaler Qualifikationsnachweise, Vorhandensein beruflicher Erfahrung). Auf darüberhinausgehende Interpretationen und willkürliche, nicht schlüssig aus den Anforderungen abzuleitende Quantifizierungen (z. B. „3,5 Jahre Vertriebserfahrung") sollte verzichtet werden. Im Einzelnen ist bei der Dokumentenanalyse auf folgende Punkte zu achten:
>
> 1) Bewerbungsschreiben sollten lediglich dazu genutzt werden, relevante Informationen über den Bewerber zu erhalten (z. B. Veränderungsmotivation).
>
> 2) Für die Auswerteregeln zur Bewertung des Lebenslaufes ist darauf zu achten, dass diese sich wirklich auf valide, belastbare Zusammenhänge beziehen.
>
> 3) Arbeitszeugnisse können Aufschluss über geforderte Erfahrungen in bestimmten Tätigkeitsbereichen liefern. Auf eine Zeugnisdeutung aufgrund angenommener Codierungen sollte verzichtet werden.
>
> 4) Schulnoten sind i. d. R. wenig objektiv und erlauben kaum Schlüsse hinsichtlich Lernfähigkeit oder Intelligenz.
>
> 5) Bei Informationen aus Internetrecherchen auf Anforderungsbezug achten und sicherstellen, dass nur Daten aus einem beruflichen Kontext berücksichtigt werden.

4.2.2 Leistungstests und andere messtheoretisch fundierte Verfahren

Die DIN 33430 differenziert im Kapitel 5.1 zwischen Verfahrenskategorie 4 und 5. Diese Trennung wird bei der Formulierung der Anforderungen nicht aufrechterhalten. An messtheoretisch fundierte Tests und an messtheoretisch fundierte Fragebogen sind die gleichen technischen Qualitätsanforderungen zu stellen. Für beide gelten die gleichen Maßstäbe in Bezug auf die wissenschaftlichen Gütekriterien.

In der Praxis ist es jedoch wichtig, zwischen den beiden Verfahrenskategorien klar zu trennen, weil sich zwar keine Unterschiede in der messtheoretischen Fundierung, sehr wohl aber bei den sinnvoll möglichen Einsatzgebieten ergeben. Deshalb wird im Kommentar eine klare Unterscheidung zwischen diesen beiden Verfahrenskategorien vorgenommen und auf beide Verfahrenskategorien spezifisch eingegangen.

5.3.3 Anforderungen an messtheoretisch fundierte Fragebogen und Tests
5.3.3.1 Allgemeine Anforderungen

Die Bezeichnung „messtheoretisch fundierte" Verfahren wird in der vorliegenden Norm als Oberbegriff für Fragebogen (z. B. Interessenfragebogen, Persönlichkeitsfragebogen) und Tests (z. B. Intelligenztest, Wissenstests, Situational Judgement Tests) genutzt. Damit ist eine Sammlung von Fragen oder Aufgaben gemeint, die auf der Grundlage einer wissenschaftlich akzeptierten Inhalts- und Testtheorie erstellt und empirisch fundiert wurde.

In der betrieblichen Praxis besonders relevant sind Leistungstests, sei es, um spezifisches Fachwissen oder Sprachkenntnisse zu erfassen, sei es, um positionsbezogene Spezialfertigkeiten zu prüfen oder auch um die Ausprägung genereller kognitiver Leistungsvoraussetzungen (sprachliche und numerische Fertigkeiten, abstrakt-analytisches Denkvermögen, Kombinatorik, Aufmerksamkeitsleistung etc.) zu erfassen. Deshalb werden sie im Kommentar bereits in der Überschrift hervorgehoben. Leistungstests und insbesondere Intelligenztests spielen auch deshalb eine herausgehobene Rolle, weil es aus Sicht der Autoren dieses Kommentars im Rahmen der beruflichen Eignungsdiagnostik ein Fehler wäre, sie nicht zu nutzen – aus welchen Überlegungen auch immer. Was nutzt es beispielsweise, einen neuen Mitarbeiter einzustellen, der über eine hervorragende Teamfähigkeit verfügt, wenn sein kognitives Potenzial nicht ausreicht, um sich z. B. schnell neues Wissen anzueignen oder Instruktionen korrekt zu verstehen und dadurch sein Beitrag zur Teamleistung gering ist? Zahlreiche Metaanalysen zum Zusammenhang von Leistungsvoraussetzungen und beruflichen Leistungskriterien unterstreichen die Wichtigkeit der „Intelligenz" bzw. des kognitiven Potenzials. Eine Übersicht gaben nach den etablierten publizierten Ergebnissen von Hunter & Schmitt (1996) auch Salgado & Anderson (2003), Hülsheger & Maier (2008) sowie Kramer (2009). Wichtig ist in diesem Zusammenhang, darauf hinzuweisen, dass Intelligenzmaße höhere Zusammenhänge mit tatsächlichen Leistungskriterien, wie z. B. Produktivität oder Arbeitsqualität aufweisen als mit reinen individuellen Erfolgskriterien, wie z. B. beruflichem Aufstieg oder der Steigerung des Einkommens.

4 EIGNUNGSDIAGNOSTIK ALS KERNFUNKTION VON PERSONALMANAGEMENT

„Andere messtheoretisch fundierte Tests" können Verfahren sein, die die jeweils individuelle Ausprägung von anforderungsrelevanten Verhaltensmerkmalen/Verhaltensdimensionen nach dem Prinzip der sogenannten „objektiven Erfassung von Persönlichkeitsmerkmalen" messen. „Objektive Erfassung von Persönlichkeitsmerkmalen" meint im Wesentlichen, dass die interessierenden Merkmale nicht über Selbstauskünfte, die immer Verzerrungstendenzen unterliegen können (siehe auch unter Kommentar-Kapitel 4.2.5 „Persönlichkeitsfragebogen"), erfasst werden, sondern über andere, „indirekte" Vorgehensweisen. So werden Persönlichkeitsmerkmale z.B. aus dem beobachtbaren Verhalten bei bestimmten (Leistungs-)Anforderungen erschlossen.

Zu messtheoretisch fundierten Tests gehören auch sogenannte Situational Judgement Tests, bei denen die Kandidaten über verbale Beschreibungen oder Videosequenzen eignungsrelevante Situationen vorgegeben bekommen und angemessenes oder wirksames Verhalten ableiten sollen.

Anders als die oben beschriebenen Leistungs- und andere messtheoretisch fundierte Tests unterliegen Persönlichkeitsfragebogen im Kontext der Eignungsdiagnostik bei Auswahlentscheidungen erheblichen Einschränkungen, die darin begründet sind, dass Persönlichkeitsfragebogen im Wesentlichen Selbstauskünfte wiedergeben, die anders als beim Interview nicht vertiefend hinterfragt werden können.

Ein qualitativ hochwertiges Verfahren zeichnet sich u. a. durch verständliche Informationen über das Verfahren und seine diagnostische Zielsetzung sowie über den theoretischen Hintergrund des Verfahrens aus. Diese Informationen sowie Informationen zu den Testgütekriterien müssen in den Verfahrenshinweisen dokumentiert sein.

Die Beschreibung des theoretischen Hintergrunds liefert bereits einen ersten Eindruck über die wissenschaftliche Fundierung. Die diagnostische Zielsetzung ist deshalb so wichtig, weil ein Einsatz von messtheoretisch fundierten Verfahren außerhalb ihres intendierten Einsatzgebietes auf einer völlig ungesicherten empirischen Grundlage geschehen würde. Sämtliche Kennziffern für die Testgütekriterien, denen eine herausgehobene Stellung bei der Beurteilung der Angemessenheit von messtheoretisch fundierten Verfahren zukommt, gelten nämlich nur für einen vergleichbaren Anwendungshintergrund.

Für messtheoretisch fundierte Fragebogen und messtheoretisch fundierte Leistungstests müssen zusätzlich zu den Handhabungshinweisen Verfahrenshinweise (Testmanuale, Handbücher) vorliegen. In der Regel sind die

Handhabungshinweise Bestandteil der Verfahrenshinweise. Die Verfahrenshinweise müssen Anwendern des Verfahrens sowie in Sonderfällen auch Außenstehenden zugänglich sein. Die Verfahrenshinweise müssen Informationen zu den folgenden Qualitätskriterien für messtheoretisch fundierte Fragebogen und Tests enthalten:

Die dann aufgezählten Gütekriterien werden im Folgenden einzeln kommentiert. Der Normtext betont an dieser Stelle die Wichtigkeit dieser sogenannten „Gütekriterien der Eignungsdiagnostik", über die in Fachkreisen und in der wissenschaftlichen Literatur ein breiter Konsens herrscht. Die Informationen über die Gütekriterien werden deshalb normativ gefordert, damit sich der „verantwortliche Eignungsdiagnostiker" anhand der Ausführungen zu den Gütekriterien (siehe normativer Anhang B) einen Überblick über sinnvoll nutzbare anforderungsrelevante messtheoretisch fundierte Verfahren machen und zwischen grundsätzlich geeigneten Verfahren diejenigen mit den höheren Qualitätsmerkmalen auswählen kann.

Die Gütekriterien werden im Folgenden aus Praxissicht kurz erläutert:

a) Theoretische Fundierung als Ausgangspunkt der Testkonstruktion;

Hier geht es darum, nachvollziehen zu können, inwieweit die der Testkonstruktion zugrunde liegende theoretische Fundierung im Einklang ist mit anerkannten wissenschaftlichen Theorien menschlichen (Leistungs-)Verhaltens und mit anerkannten Testtheorien (klassische Testtheorie, probabilistische Testtheorie usw.). Aussagen wie „... der Test ist so innovativ, dass er nicht mit den bisherigen Testtheorien überprüft werden kann" entsprechen jedenfalls nicht einer wissenschaftlich fundierten Begründung.

b) Objektivität;

Objektivität heißt, die Ergebnisse müssen unabhängig von situativen Einflüssen, ggf. der Person des Testleiters und weiteren störenden Einflüssen sein. Wer das Verfahren mit den Teilnehmern durchführt, darf z.B. keinen Einfluss auf das Messergebnis haben. Objektivität wird durch standardisierte Anwendungs-, Auswertungs- und Interpretationsbestimmungen sichergestellt. Für alle Teilnehmer müssen die Ausgangsbedingungen, die Aufgaben und die Zeit, die zur Bearbeitung zur Verfügung steht, gleich sein. Ebenso müssen die

Instruktionen und die Auswertung exakt vorgegeben sein und dürfen keinen Interpretationsspielraum zulassen. Für eine hohe Interpretationsobjektivität ist es empfehlenswert, bereits in der Anforderungsanalyse oder spätestens bei der Planung des Einsatzes für alle zu erfassenden Eignungsmerkmale die Ziel-, Risiko- und ggf. Ausschlussbereiche festzulegen. Idealerweise sollten zur Sicherstellung der Interpretationsobjektivität für Messergebnisse im Risikobereich die Risiken möglichst konkret benannt und mit Führungs- und Personalentwicklungs-Hinweisen versehen sein. Dadurch wird der Konkretisierungsgrad der getroffenen Interpretationen erhöht.

Bei computergestützten Verfahren werden einige der oben genannten Dimensionen dadurch sichergestellt, dass sie maschinell ausgeführt werden.

c) Normierung;

Ein messtheoretisch fundiertes Verfahren benötigt einen Bezugsrahmen, um die individuellen Ergebnisse eines Teilnehmers einordnen zu können. Die Einordnung geschieht über den Vergleich der Ergebnisse eines Teilnehmers mit den Ergebnissen einer Stichprobe (Normstichprobe). Die Vergleichswerte können dabei auf der Basis von Mittelwerten und Standardabweichungen oder Prozenträngen gewonnen werden. Dabei sind Prozenträge auch für den Laien besonders leicht verständlich, weil sie die Stellung des individuellen Messergebnisses innerhalb der Vergleichsstichprobe klar ersichtlich machen. Bei Leistungstests bspw. bedeutet ein Prozentrang von 62, dass 62 Prozent der Vergleichsstichprobe weniger (oder gleich viele Aufgaben) gelöst haben; 38 Prozent der Vergleichsstichprobe haben (gleich viele oder) mehr Aufgaben gelöst.

Wichtige Qualitätskriterien für das Gütekriterium Normierung sind dabei: die Aktualität der Normstichprobe, die Repräsentativität der zur Erstellung der Norm herangezogenen Stichprobe, die Vergleichbarkeit der Anwendungssituation (waren die Teilnehmer in einer echten Bewerbungssituation?), der Grad der Differenzierung, der mittels der Normen möglich ist, und eine klare Festlegung, für welche Zielgruppe/n die jeweilige Normstichprobe gelten soll.

d) Zuverlässigkeit (Reliabilität, Messgenauigkeit);

Die Reliabilität (Zuverlässigkeit) gibt an, wie messgenau ein messtheoretisch fundiertes Verfahren ist, unabhängig davon, was es misst. Unter der Voraussetzung gleichbleibender Merkmalsausprägung geht es also darum, inwiefern die Ergebnisse ein und derselben Person bei einer Testwiederholung unter gleichen Bedingungen übereinstimmen. Die Reliabilität wird als Korrelationsmaß (abgekürzt mit dem Buchstaben „r") berechnet, das den Grad der Übereinstimmung von Messergebnissen angibt – bspw. bei mehrmaligem Messen. Sie kann einen Wert zwischen Null und Eins annehmen. Eins würde für eine vollkommen exakte Übereinstimmung stehen, die allerdings weder bei physikalischen Messungen noch beim Messen von Eignungsmerkmalen erreicht werden kann. Null hieße: Die Ergebnisse zwischen erster und zweiter Messung schwanken so stark, dass man genauso gut würfeln könnte. Bei Reliabilitäten über $r = .80$ kann man von einer guten Messgenauigkeit ausgehen (vgl. hierzu auch Döring & Bortz, 2016). Bei Reliabilitäten unter $r = .70$ sollte der Einsatz eines solchen Verfahrens kritisch geprüft werden.

e) Gültigkeit (Validität);

Die Gültigkeit (Validität) eines messtheoretisch fundierten Verfahrens kann definiert werden als die Stärke des Zusammenhangs zwischen den Ergebnissen eines Messverfahrens und dem, was es zu messen beansprucht. Ein valides messtheoretisch fundiertes Verfahren liefert Messwerte, die sich zielgenau auf das interessierende Merkmal beziehen. Im eignungsdiagnostischen Kontext wird in der Regel mit dem Ziel gemessen, zukünftige Leistung vorherzusagen. Wenn bestimmte berufliche Leistungsmerkmale vorherzusagen sind und ein Verfahren eingesetzt wird, das eignungsirrelevante Merkmale erfasst, nützt es nichts, wenn Objektivität und Zuverlässigkeit der Messung hoch sind.

Nur wenn ein für die Fragestellung geeignetes Messinstrument verwendet wird, sind richtige Voraussagen möglich. Validitäten (mit Ausnahme der inhaltlichen Validität) werden ebenfalls als Korrelationsmaße berechnet. Im Kontext der beruflichen Eignungsdiagnostik (Personalauswahl, Personalentwicklung) wird dabei die Ausprägung von Eignungsmerkmalen mit der Ausprägung relevanter beruflicher Leistungskriterien verglichen. Weil diese Kriterien ebenso wie die Eignungsmerkmale nicht völlig exakt gemessen werden können (die Reliabilität bei der Erfassung der Kriterien liegt ebenfalls deutlich unter $r = 1.0$), liegen die zu erwartenden Korrelationskoeffizienten (ohne statistische Korrekturen, siehe hierzu auch Normungskapitel B.3.1.6 und Kommentar dazu) deutlich unter den Werten für die Reliabilität. Bei Werten von über $r = .40$ für die Validitätskennziffer kann man (eine hohe Qualität der jeweiligen empirischen Untersuchung vorausgesetzt) von einer ausreichenden, bei Werten über $r = .50$ von einer hohen Validität ausgehen.

Solch hohe Validitätswerte sind allerdings realistischerweise nur dann zu erwarten, wenn die Qualität der vorliegenden Leistungsdaten entsprechend hoch ist. Solch hohe Werte sind auch selten bei der Prüfung des Zusammenhangs von Einzelskalen mit beruflichen Leistungskriterien zu erwarten. Häufig werden beim Einsatz von messtheoretisch fundierten Verfahren mehrere Einzelskalen zu einer Gesamtempfehlung zusammengefasst.

Die Kommentatoren empfehlen für das Einsatzgebiet Personalauswahl für Validitätsberechnungen die Höhe des Zusammenhangs zwischen der aus den Messergebnissen abgeleitete Empfehlung mit den jeweiligen relevanten beruflichen Leistungskriterien zu prüfen. Diese Vorgehensweise entspricht der Zielstellung in der Praxis am besten.

Zu einzelnen Skalen, die sich zu Testbatterien und Verfahren im Sinne dieser Norm zusammenstellen lassen, weisen Lienert und Raatz (1998, S. 271) zur Diskussion von Werten grundsätzlich darauf hin, dass bereits Validitäten über $r = .30$ praktisch bedeutsam sein können.

f) weitere Gütekriterien (z. B. Störanfälligkeit, Unverfälschbarkeit, Fairness).

Weitere Gütekriterien sind die Störanfälligkeit, Unverfälschbarkeit und die Fairness eines psychometrischen Verfahrens:
- Störanfälligkeit bezeichnet das Ausmaß, indem ein messtheoretisch fundiertes Messverfahren in seiner Ergebnisfindung auf situative Einflüsse in der Umgebung oder auf den aktuellen Zustand eines Teilnehmers reagiert.
- Unverfälschbarkeit ist dann gegeben, wenn ein Teilnehmer eines messtheoretisch fundierten Verfahrens seine Ergebnisse nicht gezielt in eine von ihm vermeintlich als optimal angesehene Richtung steuern kann.
- Fairness bezieht sich auf die Chancengleichheit unterschiedlicher Teilnehmergruppen. Fairness liegt z. B. nicht vor, wenn Teilnehmer unterschiedlichen Zugang zu Informationen über Verfahrensinhalte und Lösungswege haben.

Anforderungen an Verfahrenshinweise sind ausführlicher in Anhang B formuliert.

Die Einschätzung der Qualität eines messtheoretisch fundierten Verfahrens muss auch anhand von Kennwerten aus empirischen Untersuchungen erfolgen.

Die Angaben zu den wissenschaftlichen Gütekriterien dürfen nicht nur behauptet, sie müssen auch empirisch nachgewiesen und überprüfbar dokumentiert sein. Dem Arbeitsausschuss war es wichtig, diese „Selbstverständlichkeit wissenschaftlichen Arbeitens" explizit vorzuschreiben.

Die Beurteilung dieser Kennwerte muss vor dem Hintergrund der Würdigung der empirischen Untersuchungen erfolgen und darf sich nicht auf eine Betrachtung der numerischen Ausprägung der Kennwerte beschränken. Neben der numerischen Höhe dieser Kennwerte muss auch die Qualität der jeweils zugrunde liegenden Untersuchungen und die Qualität deren Dokumentation bewertet werden. Qualitätsmerkmale von Gültigkeitsuntersuchungen sind beispielsweise: Größe, Repräsentativität (für die Zielgruppe) und Aktualität der Untersuchungsgruppe sowie vor allem die Angemessenheit des Untersuchungsansatzes für das zu messende Merkmal.

ANMERKUNG Aus diesem Grund enthält diese Norm keine Grenzwerte für messtheoretische Kennwerte.

Zunächst ist hervorzuheben, dass auch in Fachkreisen und in der wissenschaftlichen Literatur ein breiter Konsens darüber besteht, dass Kennwerte insbesondere für Reliabilität und Validität die zentralen Elemente zur Beurteilung von messtheoretisch fundierten Verfahren sind. Zur Interpretation der Ausprägung solcher Kennwerte ist es erforderlich, immer auch die Qualität der zugrunde liegenden empirischen Untersuchungen zu hinterfragen. Denn Kennwerte für Reliabilität und Validität können z. B. durch eine bewusst nicht repräsentative Zusammenstellung der untersuchten Stichprobe, Berücksichtigen oder Ausschließen von besonderen oder problematischen Einzelfällen oder der Wahl von wenig validen Erfolgskriterien beeinflusst werden.

Wenn bei alternativen Verfahren der Anforderungsbezug der gemessenen Eignungsmerkmale, die Qualität der zugrunde liegenden empirischen Untersuchungen, die Relevanz der für die Berechnung der Validität herangezogenen Erfolgskriterien und insgesamt alle relevanten inhaltlichen Gesichtspunkte gleich sowie auch Handhabbarkeit etc. vergleichbar sind, ist dasjenige mit den höheren Kennwerten für Reliabilität und Validität zu bevorzugen.

Es ist nicht zulässig, dem Verfahren allein anhand der Fragen und Aufgaben eine hohe Qualität zuzusprechen. Auch die subjektive Einschätzung, dass das Ergebnis und/oder das aus dem Verfahren abgeleitete Feedback/Gutachten zutreffend sei, ist für sich genommen keine zulässige Qualitätsbeurteilung.

Hier wird auf ein in der betrieblichen Praxis immer wieder anzutreffendes Missverständnis hingewiesen. Bevor ein messtheoretisch fundiertes Verfahren eingesetzt wird, bestehen immer mehr Unternehmen bzw. Personalverantwortliche darauf, den Test selbst durchführen zu können. Die vermeintliche Qualität des Tests wird dann von diesen Personen daran festgemacht, wie plausibel sie persönlich einzelne Fragen und Aufgaben finden oder ob die Ergebnisse bzw. der Ergebnisbericht den eigenen Einschätzungen entsprechen. Da immer mehr Dienstleister auf diese Forderung eingehen, sieht sich so mancher, der darauf hinweist, dass dieses Vorgehen ungeeignet sei, um die Qualität eines Verfahrens belastbar zu prüfen, mit dem Hinweis konfrontiert: „Dann haben Sie bei uns keine Chance, Ihre Mitbewerber lassen sich ja auch darauf ein." Natürlich macht es Sinn, ein Verfahren, das die Geschäftsleitung bei den eigenen Führungskräften einsetzen will, um deren zukünftige Weiterentwicklung planen und ggf. durch geeignete Maßnahmen unterstützen zu können, zunächst selbst zu prüfen (Wie „fühlt es sich an", die Aufgaben zu bearbeiten? Wie erlebe ich den Rückmeldeprozess? Kann ich die abgeleiteten Schlüsse nachvollziehen? etc.). Es kann erheblich zur Akzeptanz einer solchen Maßnahme beitragen, wenn das eigene Management und die Personalverantwortlichen „mit gutem Beispiel vorangehen".

Eine Einschätzung anhand der subjektiven Plausibilität der Fragen und Aufgaben („Augenscheinvalidität") kann eine fundierte Überprüfung nicht ersetzen.

Auch die Übereinstimmung bzw. Nicht-Übereinstimmung der Ergebnisse bspw. mit dem eigenen Selbstbild sagt nicht etwas über die Qualität des Verfahrens aus. Dies sei mit folgenden Überlegungen illustriert: Wer selbst über ein deutlich unterdurchschnittliches kognitives Potenzial verfügt, kann dieses eigene Defizit in der Regel selbst nicht objektiv einschätzen. Natürlich erlebt er oder sie, dass bestimmte Aufgaben tendenziell überfordernd sind und meist sind diese Personen auch schon an Aufgaben gescheitert und haben dieses Scheitern wahrgenommen. Aber unabhängig von der Höhe des eigenen kognitiven Potenzials gibt es ja immer Aufgaben, die zu komplex oder Rahmenbedingungen, die nicht mehr beherrschbar sein können. Mit einem für sich selbst unerfreulichen Messergebnis konfrontiert, sind nicht alle in der Lage, sich selbst und nicht das Verfahren in Zweifel zu ziehen.

Die hier geschilderte und in der Norm „als nicht zulässig" qualifizierte Praxis der „Überprüfung von Tests" mag im Übrigen auch dazu beigetragen haben, dass Verfahren, die sich ausschließlich auf individuelle Stärken beziehen, sich einer so großen Beliebtheit und Verbreitung erfreuen, während sich viele Unternehmen nicht trauen, die Verfahrenskategorie mit der höchsten und nahezu universellen Vorhersagekraft (zumindest bei anspruchsvollen Tätigkeitsbereichen) einzusetzen, nämlich messtheoretisch fundierte Verfahren zum Erfassen des kognitiven Potenzials (sog. „Intelligenztests").

Der verantwortliche Eignungsdiagnostiker darf nur Verfahren einsetzen, bei denen er die Verfahrenshinweise vor der Einsatzentscheidung einsehen und prüfen konnte.

Im Rahmen einer Eignungsbeurteilung nach dieser Norm dürfen nur solche messtheoretisch fundierten Fragebögen und Tests (Kategorien 4 und 5) eingesetzt werden, die den in Anhang B formulierten Anforderungen an Verfahrenshinweise genügen.

Die Wichtigkeit, die bloße Behauptung einer Erfüllung der wissenschaftlichen Gütekriterien durch eine möglichst hohe Nachvollziehbarkeit im Detail zu ersetzen, wurde ja bereits mehrmals betont und kommentiert.

Die Verfahren, die diesen Anforderungen gerecht werden, sind aber nicht zwangsläufig für die konkrete Eignungsbeurteilung nach dieser Norm geeignet. Die Erfüllung dieser Anforderungen ist eine notwendige, aber keine hinreichende Bedingung für den Einsatz solcher Verfahren. Die Angemessenheit eines Verfahrens für eine konkrete Eignungsbeurteilung kann nur im Rahmen seiner spezifischen Anwendung beurteilt werden.

Die Textpassage soll daran erinnern, dass ein noch so gut konstruiertes und qualitätsgesichertes, messtheoretisch fundiertes Verfahren nur dann einen sinnvollen Beitrag zu einer spezifischen Eignungsbeurteilung liefern kann, wenn die gemessenen Eignungsmerkmale für die jeweilige Zielposition auch wirklich relevant sind (Anforderungsbezug des Verfahrens). Auch ein Verfahren, das das räumliche Vorstellungsvermögen mit einer so hohen Reliabilität wie $r = .90$ misst, kann dennoch keinen Beitrag zur Validität liefern, wenn nach dem Anforderungsprofil räumliches Vorstellungsvermögen nicht benötigt wird.

Zusätzlich ist auch darauf zu achten, dass keine Fähigkeiten, Fertigkeiten oder Kenntnisse das Ergebnis beeinflussen, die nicht zu dem zu erfassenden Merkmal gehören und bei der Zielgruppe des Verfahrens unterschiedlich ausgeprägt sein könnten. So sollten z. B. sogenannte „textgebundene Rechenaufgaben" in der Muttersprache oder mindestens einer sicher beherrschten Zweitsprache dargeboten werden, damit die Ergebnisse nicht von den sprachlichen Fertigkeiten verzerrt werden.

Damit der verantwortliche Diagnostiker überprüfen kann, ob sämtliche oben genannten Forderungen erfüllt sind, wurden in der Norm hohe Forderungen an die Dokumentation gestellt. Diese sind im normativen Anhang B zusammengefasst. Er enthält jedoch nicht nur Dokumentationsanforderungen, sondern auch Anforderungen an die Verfahren selbst (wissenschaftliche Gütekriterien einschließlich Qualitätsmerkmale der zugrunde liegenden Untersuchungen). Deshalb wird Anhang B im Folgenden detailliert kommentiert.

Anhang B
(normativ)
Anforderungen an Verfahrenshinweise für messtheoretisch fundierte Fragebogen und Tests

B.1 Allgemeine Anforderungen

B.1.1 Die theoretischen Grundlagen des Verfahrens sind zu beschreiben.

Auf der Grundlage der Beschreibung der theoretischen Grundlagen kann sich der verantwortliche Eignungsdiagnostiker bereits einen ersten Eindruck über die wissenschaftliche Fundierung des Verfahrens machen.
Zusätzlich zu den theoretischen Grundlagen muss lt. Kapitel 5.3.3.1 des Normtextes auch die diagnostische Zielstellung des Verfahrens beschrieben sein. Der Hinweis auf diese Notwendigkeit fehlt im Anhang B. Deshalb sei im Kommentar noch einmal dezidiert darauf hingewiesen. Die dezidierte Nennung der Zielstellung ist deshalb so wichtig, weil sie den Maßstab für die Prüfung der Angemessenheit der empirischen Untersuchungen darstellt.

B.1.2 In den Verfahrenshinweisen muss angemessen (im Sinne von ausführlich und verständlich und nachvollziehbar) dargestellt werden, wie das standardisierte Verfahren konstruiert wurde indem z. B. erläutert wird, wie und warum die Fragen eines Fragebogens oder die Aufgaben eines Tests ausgewählt oder konstruiert wurden.

Auch diese normative Dokumentationsanforderung dient der besseren Nachvollziehbarkeit der theoretischen Fundierung, der Zielsetzung und der praktischen Umsetzung der zugrunde liegenden Konstruktionsüberlegungen.
Erfahrungsgemäß weigern sich manche Dienstleister, die geforderten Angaben insbesondere zur Konstruktion zu machen, mit dem Hinweis auf ihr „Betriebsgeheimnis". Dieser berechtigten Sorge um den Verfahrensschutz kann z. B. dadurch Rechnung getragen werden, dass vor Einsichtgabe in diese schützens-

werten Inhalte der Verfahrenshinweise eine Vertraulichkeitsvereinbarung geschlossen wird. Wichtig ist in jedem Fall, dass der verantwortliche Eignungsdiagnostiker die in der Norm beschriebenen Informationen prüfen kann.

Best Practice bei der Verfahrenskonstruktion stellt ein mehrstufiger Konstruktions- und Aufgabenselektionsprozess dar (z. B. Aufgabenkonstruktion gemäß einer anerkannten Persönlichkeitstheorie; Durchführung des Verfahrens an einer Pilotgruppe von mindestens 250 Personen; Berechnung der Itemkennwerte, wie z. B. Itemschwierigkeit und Trennschärfe jeder einzelnen Frage eines Fragebogens oder jeder einzelnen Aufgabe eines Tests; Selektion von Aufgaben innerhalb einer gewünschten Bandbreite der Itemschwierigkeit und einer angestrebten Trennschärfe; Entwicklung neuer zusätzlicher Items[18] aufgrund entwickelter Unterschiedshypothesen „Was unterscheiden die trennscharfen von den weniger trennscharfen Items?"; erneute Durchführung des Verfahrens an einer weiteren Pilotgruppe usw.).

Die geforderte Dokumentation beinhaltet nicht die Auflistung sämtlicher Fragen bzw. Aufgaben des Verfahrens. Es geht lediglich um eine nachvollziehbare Darstellung des Vorgehens bei der Konstruktion des Verfahrens.

Diese Anforderungen schließen auch die Darstellung der Vorgehensweisen bei der Übertragung von Verfahren in unterschiedliche Sprach- und Kulturräume ein. Gibt es unterschiedliche Sprachversionen eines messtheoretisch fundierten Verfahrens, ist als Best Practice heute ein mehrsprachiger Konstruktionshintergrund zu bezeichnen.

B.1.3 In den Verfahrenshinweisen sind die Ergebnisse einer oder mehrerer empirischen/empirischer Untersuchung(en) zu berichten.

B.1.4 Alle in den Verfahrenshinweisen aufgeführten relevanten empirischen Untersuchungen sind nachvollziehbar zu beschreiben/zu dokumentieren.

Ohne nachvollziehbare empirische Untersuchungen kann eine Ansammlung von Fragen oder Aufgaben nicht als messtheoretisch fundiertes Verfahren gelten. Auch eine theoretisch noch so plausibel zusammengestellte Aufgabensammlung bedarf der empirischen Überprüfung an für die Zielgruppe

---

18 Begriffsdefinition in DIN 33430:

2.10 Item

einzelnes Element eines messtheoretisch fundierten Fragebogens oder Tests
BEISPIEL   Aufgabe, Frage

repräsentativen, ausreichend großen und hinreichend aktuellen Stichproben. Wenn empirische Untersuchungen fehlen, weiß man letztlich nicht, ob und was man misst. Die normativen Forderungen („muss enthalten") und Empfehlungen („sollte") der Punkte B.1.5 bis B.1.8 des Normtextes beziehen sich auf einen sinnvollen Aufbau und eine nachvollziehbare Dokumentation von empirischen Untersuchungen, deren hohe Bedeutsamkeit im Normtext an verschiedenen Stellen betont wird:

B.1.5 Der Bericht über empirische Untersuchungen muss enthalten

a) eine Angabe über das Jahr der Datenerhebung;

Hier geht es darum, die Angemessenheit der Aktualität der Untersuchung einschätzen zu können. Im Normtext wird bei verschiedenen empirischen Untersuchungen (Normierung, Berechnung der Reliabilität und Validität) empfohlen, dass die Untersuchungen jünger als 8 Jahre sein sollten. Generell gilt: Je wahrscheinlicher der Einfluss von gesellschaftlichen Veränderungen auf die Messung des jeweiligen Eignungsmerkmals ist, desto wichtiger ist eine möglichst hohe Aktualität der empirischen Untersuchungen. Bei biografisch stabilen Eignungsmerkmalen bzw. stabilen Zusammenhängen zwischen dem jeweiligen Eignungsmerkmal wie z. B. beruflich relevanten Intelligenzaspekten und beruflichen Leistungsmerkmalen können die empirischen Untersuchungen tendenziell etwas älter sein.

b) deskriptive Statistiken über die Merkmale der Untersuchungsteilnehmer wie z. B. Angaben zu Alter, Geschlecht, Bildung, Status (z. B. Schüler, Studenten, Azubis, Berufstätige usw.);

Hier geht es u. a. darum einzuschätzen, inwieweit die Stichprobenmerkmale der Untersuchungsteilnehmer mit den Stichprobenmerkmalen der interessierenden Zielgruppe übereinstimmen.

c) Angaben, mit welchem Ziel der Test von Teilnehmern bearbeitet wurde (z. B. ohne für die Teilnehmer relevantes Ziel, zum Zwecke der persönlichen Orientierung oder im Zusammenhang mit Personalentscheidungen);

d) Angaben, ob die Datenerhebung unter Aufsicht oder unter nicht kontrollierten Bedingungen (z. B. über das Internet von „zu Hause" aus) stattgefunden hat;

e) Angaben, ob und wie die Teilnahme (z. B. ergebnisabhängig) „belohnt" (z. B. vergütet) wurde.

Hier geht es darum abzuschätzen inwieweit die Teilnehmer der empirischen Untersuchung und die Teilnehmer in der intendierten Einsatzsituation (bspw. Personalauswahl bzw. Personalentwicklung) unter vergleichbaren Rahmenbedingungen agieren. Verfahren, deren Haupteinsatzgebiet die Personalauswahl mit einer häufig damit verbundenen Wettbewerbssituation ist, sollten anhand einer für die Zielgruppe repräsentativen Stichprobe, die sich in einer vergleichbaren Situation befindet, normiert werden. Die Praxis, Verfahren für die Auswahl von Führungskräften und hochrangigen Spezialisten an Studenten zu normieren, die für die Teilnahme mit finanziellen Anreizen oder mit anrechenbaren „Übungsstunden" gewonnen wurden, ist als veraltet anzusehen. Für empirische Untersuchungen zur Normierung oder zur Berechnung der Reliabilität gilt genauso wie für eine Messung, die eine Personalauswahlentscheidung unterstützen soll: Ergebnisse, die unter kontrollierten Prüfbedingungen erhoben wurden, sind immer als belastbarer anzusehen als solche, die unter unkontrollierten Bedingungen anfallen. Best Practice zu diesem Thema ist, nur diejenigen Bewerberdaten für die Berechnung einer aktuellen Normierung zu nutzen, die unter kontrollierten Prüfbedingungen erhoben wurden.

Durch die unter B.1.5 zwingend geforderten Angaben kann eingeschätzt werden, ob die in empirischen Studien erhobenen Kennwerte für die genannten Gütekriterien belastbar sind und die jeweilige empirische Untersuchung für das intendierte Einsatzgebiet und die Zielgruppe relevant ist.

B.1.6 Der Bericht über empirische Untersuchungen sollte weiterhin enthalten:

a) Informationen über den Stichprobenplan;

b) Informationen zu den Teilnehmerquoten.

Diese Empfehlung dient dazu, die Repräsentativität der in der empirischen Untersuchung herangezogenen Stichprobe für die Zielgruppe einschätzen zu können. Sie hat jedoch auch noch einen anderen Hintergrund, denn eine wichtige Forderung an empirische Untersuchungen ist die Forderung nach Replizierbarkeit. Unterschiedliche Stichprobenpläne oder Teilnehmerquoten (z. B. Einbeziehen aller Teilnehmer vs. Ausschluss von Teilnehmern mit auffälligen Ergebnissen) können die Replizierbarkeit erheblich beeinflussen.

B.1.7 Die Dokumentation/der Bericht der empirischen Arbeit sollte den üblichen Kriterien für wissenschaftliche Publikationen folgen.

ANMERKUNG Siehe z. B. [1] und [3], es gilt jeweils die letzte Ausgabe dieser Publikationen.

Die Empfehlung, Dokumentationen von empirischen Studien nach den üblichen Kriterien für wissenschaftliche Publikationen zu verfassen, dient der besseren Vergleichbarkeit unterschiedlicher Studien.

B.1.8 Die Anzahl der in den empirischen Studien untersuchten Personen muss für die jeweilige Fragestellung (z. B. Berechnung von Normwerten[19], erwartbare Effektstärke) angemessen sein.

Bei messtheoretisch fundierten Verfahren kann erwartet werden, dass eine Normierung sowie die Berechnung der Reliabilität/en anhand einer repräsentativen Stichprobe von $N > 500$ berechnet wurden. In der betrieblichen Praxis sind heutzutage auch Stichprobengrößen von $N > 10.000$ keine Seltenheit.

Bei Validierungsstudien sind die Stichproben deutlich kleiner. Wenn es um die Vorhersage beruflicher Leistung bzw. beruflichen Erfolgs geht, sind kriterienbezogene Validierungen die erste Methode der Wahl. Dabei wird der Zusammenhang zwischen einer verfahrensbasierten, eignungsdiagnostischen Empfehlung und dem Bewährungskriterium/den Bewährungskriterien als Korrelationskoeffizient dargestellt. Nun sind selbst in Großbetrieben nur selten Mitarbeitergruppen mit $N > 100$ in vergleichbaren Tätigkeiten oder Aufgaben anzutreffen. Allerdings ergeben sich bei Stichprobengrößen von $N < 25$ äußerst selten signifikante Zusammenhänge. Ergebnisse derart kleiner Stichproben sind entsprechend mit äußerster Vorsicht zu betrachten. Letztlich ist es gerade bei kleinen Stichprobengrößen entscheidend, dass alle anfallenden Daten berücksichtigt wurden (deshalb fordert die Norm den Stichprobenplan), die resultierenden Validitätskennziffern signifikant sind und die Unterschiede im jeweiligen Bewährungskriterium zwischen empfohlenen und nichtempfohlenen Bewerbern praktisch bedeutsam sind.

---

19 Begriffsdefinition in DIN 33430:

2.13 Normwerte
Vergleichswerte (z. B. gewonnen auf der Basis von Mittelwerten und Standardabweichungen oder Prozenträngen), die anhand einer Vergleichsgruppe (z. B. Kandidaten bestimmter Alters-, Bildungs- oder Berufsgruppen) empirisch ermittelt wurden und mit denen die vorliegenden Ergebnisse der Kandidaten verglichen werden

B.1.9 Sofern mit einer Verfälschung des Verfahrens zu rechnen ist, sollte ausgeführt werden, ob und wie einer Verfälschung durch die Art der Verfahrensvorgabe und -durchführung – sowie ggf. auch bei der Auswertung – entgegengewirkt werden kann.

So begegnen z. B. einige Persönlichkeitsfragebogen dem Risiko einer starken Verzerrung der Ergebnisse in Richtung sozial erwünschter Antworten mit sogenannten Lügenskalen (siehe hierzu im Kommentar-Kapitel 4.2.5 „Persönlichkeitsfragebogen").

Aus Sicht der Kommentatoren empfiehlt es sich, unabhängig von Lügenskalen, Extremwerte in Persönlichkeitsfragebogen z. B. in einem Interview zusätzlich zu hinterfragen.

Auch sollten bei online durchgeführten Leistungstests positive Ergebnisse in einem folgenden Schritt evaluiert werden.

B.1.10 Sofern die Auswertung manuell erfolgt, müssen in den Verfahrenshinweisen Regeln aufgestellt werden, wie bei der Auswertung mit nicht bearbeiteten Fragen bzw. (Teil-) Aufgaben umgegangen wird.

Diese normative Forderung dient zur Sicherstellung der Auswerte-Objektivität.

B.1.11 Sofern es sich um ein Verfahren handelt, welches einen Vergleich mit Normwerten anbietet:

a) muss die Bezugsgruppe, an der die Normdaten gewonnen wurden, hinsichtlich zentraler Merkmale (z. B. Alter, Bildungsstand, Berufserfahrung) der Personengruppe entsprechen, für die das Verfahren laut Verfahrenshinweisen eingesetzt wird/werden soll. Eine solche Entsprechung liegt beispielsweise nicht vor, wenn etwa Englischkenntnisse von Managern untersucht werden sollen, die Normwerte zum Verfahren aber an Schülern gewonnen wurden. Ist dies nicht der Fall, muss nachgewiesen werden, dass die vorhandenen Normdaten für die Zielgruppe verwendet werden können;

Auf die Notwendigkeit, dass die Normierungsstichprobe möglichst repräsentativ für die Zielgruppe der Anwendung ist, wurde im Kommentar bereits hingewiesen. Den Mitgliedern des Arbeitsausschusses war dies so wichtig, dass der Normtext diesbezüglich eine normative Forderung enthält.

b) sollte die Angemessenheit der Normwerte in den letzten acht Jahren überprüft worden sein. Es geht nur um eine Überprüfung der Angemessenheit der Normwerte. Ob eine Neunormierung durchgeführt werden muss, ergibt sich in Abhängigkeit von den Ergebnissen der Überprüfung. Wurde die Angemessenheit der Normwerte in den letzten 8 Jahren nicht überprüft, muss begründet werden, warum das Verfahren dennoch ausgewählt wird.

Die Wichtigkeit der Repräsentativität der Normstichprobe für die in der Anwendung des Verfahrens intendierte Zielgruppe wurde unter B.1.11 a) unterstrichen. Die Repräsentativität setzt auch eine Aktualität der Normdaten voraus. Im Extremfall kann diese Aktualität durch gesellschaftliche Änderungen wie bspw. für die Zielgruppe Abiturienten die Reduktion von 13 auf 12 Schuljahre bis zur Abiturprüfung (G12 statt G13) von einem Jahr auf das andere in Frage gestellt sein. Aufgrund der Abhängigkeit der Aktualität und damit der Angemessenheit der Normwerte von Faktoren wie Dynamik der gemessenen Eignungsmerkmale, Änderungen in der Bezugsgruppe etc. wurde unter B.1.12 die normative Forderung aufgestellt:

B.1.12 Sofern es sich um ein Verfahren handelt, das auf die Erfassung eines Eignungsmerkmals zielt, dessen Ausprägung in der Referenzgruppe möglicherweise relativ kurzfristigen Veränderungen unterliegt (z. B. EDV-Kenntnisse), muss die Angemessenheit der Normwerte bereits vor Ablauf der acht-Jahres-Frist empirisch gezeigt werden.

Eine generelle normative Forderung nach einer Überprüfung der Angemessenheit der Normwerte innerhalb einer „Acht-Jahres-Frist" wurde vom Arbeitsausschuss nicht erhoben (siehe B.1.11.b), die Kommentatoren empfehlen jedoch, diese Frist regelmäßig zu unterschreiten, um Einschränkungen in der Vorhersagekraft der Messergebnisse aufgrund einer nicht mehr aktuellen Normierung sicher zu verhindern. Dies gilt insbesondere vor dem Hintergrund der aktuellen Beschleunigung des demografischen Wandels, der wachsenden Dynamik der Arbeitsmärkte, dem Entstehen neuer Berufe, den velofizerischen Veränderungen in den Bildungssystemen Schule, Hochschule, duale Ausbildung usw.

B.1.13 Sofern für den Verfahrensanwender die Möglichkeit besteht, die Werte einer Person anhand unterschiedlicher Normgruppen zu bewerten

(z. B. bildungsspezifische und bildungsunspezifische Normen), sollten zur Sicherung der Interpretationsobjektivität eindeutige Hinweise gegeben werden, wie die Entscheidung zu treffen ist.

Generell besteht beim Heranziehen unterschiedlicher Normen die Gefahr, dass z. B. bei der Erstellung von Anforderungsprofilen und bei der Interpretation der resultierenden Ergebnisse Äpfel mit Birnen verglichen werden. Wenn bei der Festlegung der wünschenswerten Ausprägungen von Eignungsmerkmalen (Erstellung des Anforderungsprofils) Bezug zu einer anderen Normgruppe genommen wird als bei der Berechnung des Messergebnisses, können schnell Fehlentscheidungen resultieren. Zumindest in dem Einsatzgebiet Personalauswahl empfiehlt es sich deshalb dringend, für eine einheitliche Zielgruppe jeweils nur eine Norm heranzuziehen. So sollten i. d. R. alle Bewerber auf eine ausgeschriebene Stelle unter Heranziehen derselben Norm verglichen werden. Eine einheitliche Norm entspricht hier der Einführung des Metermaßes in der Physik. Erst als das „Meter" die „Elle" des jeweiligen Landesfürsten ersetzte, wurde der Preis für Stoffe und andere Handelswaren vergleichbar. In anderen Einsatzgebieten, wie z. B. einer individuellen Standortbestimmung, kann das Heranziehen unterschiedlicher Normen dennoch Sinn machen. Aber auch hier sollte die Verwendung unterschiedlicher Normen mit viel Bedacht, klaren Regeln und genauer Kenntnis der Konsequenzen vorgenommen werden. Darauf bezieht sich auch B.1.14 des Normtextes.

B.1.14 Sofern das Verfahren gruppenspezifische Normen vorsieht (z. B. Bildungsnormen) sollten die Effekte der Anwendung dieser gruppenspezifischen Normen nachvollziehbar erläutert werden.

Grundsätzlich ist anzumerken, dass die Verwendung einer Norm eine Konvention ist. Es ist bspw. genauso möglich, die Basketballer eines Landes nach einer Norm zu beschreiben, die sich auf erwachsene Männer der Allgemeinbevölkerung bezieht, wie auch nach einer Norm, die ausschließlich männliche Basketballer dieses Landes enthält. Das Geschlecht ist bei diesem Beispiel bedeutend, da es systematische und signifikante Größenunterschiede zwischen Männern und Frauen gibt, die Nationalität ist bedeutsam, da es signifikante Unterschiede zwischen manchen nationalen Populationen gibt. In dem Fall, dass das Bezugssystem die Allgemeinbevölkerung ist, würde man als Erwartungswert z. B. den Mittelwert plus zwei oder drei Standardabweichungen angeben.

4 EIGNUNGSDIAGNOSTIK ALS KERNFUNKTION VON PERSONALMANAGEMENT

> **PRAXISBEISPIEL**
>
> **Einsatz von unterschiedlichen gruppenspezifischen Normen**
>
> Ein Unternehmen rekrutiert weltweit im Laufe von vier Jahren sukzessive in 20 Ländern die Leiter der jeweiligen Landesgesellschaften. Zur Beurteilung, ob man mit den Anwerbungsmaßnahmen und dem Kommunikationsmix (Personalmarketing, Arbeitgebermarke, Stellenanzeigen etc.) im jeweiligen nationalen Arbeitsmarkt adäquate Kandidaten erreichte, wurde die nationale Norm als Maßstab herangezogen. Wenn nach dem Maßstab der nationalen Norm nicht Kandidaten mit mindestens überdurchschnittlichem Lernpotenzial erreicht wurden, wurde in der Anwerbung nachgebessert, z. B. durch Einschalten eines Headhunters. Wenn schon ein Headhunter beauftragt war, diente die nationale Norm dazu, ihn durch objektives Feedback zu größerem Engagement zu motivieren.
>
> Der Maßstab für die Einstellungsentscheidung war aber immer die zentrale Norm für Fach- und Führungskräfte, die im Unternehmen seit der Einführung der Testverfahren genutzt wurde (mit den entsprechenden Updates im Zeitverlauf). Dabei handelte es sich aus Gründen der Historie um die deutsche Norm für Fach- und Führungskräfte, deren Maßstab bei den Personalentscheidern im Unternehmen etabliert war.

B.2 Zuverlässigkeit

B.2.1 In den Verfahrenshinweisen müssen Angaben zur Zuverlässigkeit des Verfahrens gemacht werden, die aus empirischen Studien abgeleitet wurden.

B.2.2 Die Angemessenheit der für die Zuverlässigkeitsbestimmung genutzten Methode(n) sollte erläutert werden. Die Bestimmung der internen Konsistenz ist beispielsweise keine angemessene Art der Zuverlässigkeitsbestimmung für Verfahren mit heterogenen Inhalten; die Bestimmung der Retest-Reliabilität ist keine angemessene Art der Zuverlässigkeitsbestimmung für Verfahren zur Messung rasch veränderlicher Eignungsmerkmale (z. B. Stimmungen). Bei der Begründung der Angemessenheit soll die Art der untersuchten Eignungsmerkmale und der angestrebten Entscheidung ebenso berücksichtigt werden wie die jeweiligen Anwendungs- und Untersuchungsbedingungen.

B.2.3 Sofern mit dem Verfahren Eignungsmerkmale erfasst werden, für die eine zumindest relative Zeit- und Situationsstabilität angenommen wird, sollte die Zuverlässigkeit (auch) über die Retest-Methode bestimmt oder die Retest-Reliabilität durch einen geeigneten Untersuchungsplan geschätzt werden.

Die Zuverlässigkeit stellt neben der Objektivität und Gültigkeit das wichtigste Gütekriterium für die Einschätzung der Qualität von messtheoretisch fundierten Verfahren dar. Die Kennwerte für die Zuverlässigkeit werden dabei im Wesentlichen über die Methoden der internen Konsistenz und der Retest-Methode bestimmt. Beide Methoden werden im Folgenden kurz erläutert:

Bei der Berechnung der internen Konsistenz geht es darum, in einem Korrelationsmaß abzubilden, inwiefern die Items eines messtheoretisch fundierten Verfahrens miteinander in Beziehung stehen. Man geht dabei davon aus, dass man ein Verfahren nicht nur wie bei der Testhalbierungsmethode in zwei, sondern auch in drei, vier, fünf bzw. in so viele vergleichbare Teile untergliedern kann, wie Items vorhanden sind. Das gebräuchlichste Maß für die interne Konsistenz ist der Alphakoeffizient nach Cronbach. Dabei wird geprüft, inwieweit das Antwortverhalten auf ein Einzelitem mit dem Gesamtergebnis in Gleichklang ist. Cronbachs Alpha ist dann als Summe der Korrelationen aller Einzelitems mit dem Gesamtergebnis über alle Teilnehmer zu verstehen. Die Methode kann nur dann sinnvoll angewendet werden, wenn die Fragen eines Fragebogens oder Aufgaben eines Leistungstests oder anderen messtheoretisch fundierten Verfahrens dasselbe Merkmal in vergleichbarer Weise messen, also homogen sind. Bei heterogenen Inhalten wäre die Bestimmung der Retest-Reliabilität die angemessene Methode.

Die Retest-Methode ist eine Wiederholung des Verfahrens nach einem definierten, nicht zu kurzen Zeitraum (um Übungs- bzw. Erinnerungseffekte weitgehend auszuschließen und die biografische Stabilität über einen längeren Zeitraum zu belegen). Dabei gibt man der gleichen Stichprobe dasselbe Verfahren zweimal vor und ermittelt den Zusammenhang mittels eines Korrelationskoeffizienten. Dementsprechend eignet sich diese Methode nicht bei der Messung rasch veränderlicher Eignungsmerkmale. Sie belegt jedoch eine Zeit- und Situationsstabilität für den gewählten Zeitraum zwischen Erst- und Zweitmessung. Deshalb empfiehlt der Normtext unter B.2.3 für biografisch relativ stabile Merkmale neben der üblichen Berechnung der internen Konsistenz die zusätzliche Berechnung der Zuverlässigkeit über die Retest-Methode.

Die Berechnung der internen Konsistenz ebenso wie die Berechnung einer Neunormierung kann anhand einer durch die Anwendung des Verfahrens vorliegenden Stichprobe vorgenommen werden. Dafür reicht es aus, den (anonymisierten) Datenrückfluss zu organisieren und die jeweilige Berechnung vorzunehmen, sobald genug Daten zusammengekommen sind. Die Anwendung der Retest-Methode erfordert demgegenüber einen zusätzlichen Aufwand. Die Schwierigkeit derartiger Untersuchungen liegt einerseits darin, dass eine zweimalige Messteilnahme mit spürbarem organisatorischem Aufwand verbunden ist. Andererseits sollen die Teilnehmer keine Kenntnis von den Ergebnissen der Erstmessung erhalten, um eine neutrale Zweitmessung unter vergleichbaren Bedingungen zu gewährleisten. In Literatur und Lehre wird auf diese Schwierigkeiten kaum jemals eingegangen. Diese Schwierigkeiten machen jedoch nachvollziehbar, warum sich nur sehr selten eine Gelegenheit zu sinnvollen Retest-Untersuchungen bietet und warum die Stichproben für Retest-Untersuchungen, wenn sie denn überhaupt vorgenommen werden, in der Regel deutlich kleiner sind als die Stichproben bei der Berechnung der internen Konsistenz.

Auch wenn die Daten für Retest-Untersuchungen wegen der oben genannten Einschränkungen, was das Feedback der Teilnehmer zu ihren Ergebnissen angeht, nicht aus realen Testeinsätzen bei der Bewerberauswahl stammen können, stellen zusätzliche Retest-Untersuchungen bei Verfahren, die beanspruchen, biografisch recht stabile Merkmale zu erfassen, die Best Practice dar.

Auch bei dieser Entscheidung zwischen „Muss"- und „Sollte"-Kriterien ist der Versuch, die Balance zu halten zwischen maximaler Qualität und gerechtfertigtem Aufwand, erneut unmittelbar nachzuvollziehen. Wer immer es sich leisten kann, wird jedenfalls mit dem Ziel einer möglichst hohen Qualität der Eignungsbeurteilung neben den normativen Forderungen („Muss"-Kriterien) auch möglichst viele der inhaltlich gut durchdachten Empfehlungen („Sollte"-Kriterien) der DIN 33430 umsetzen.

B.2.4 Der aktuellste Nachweis der Geltung der Zuverlässigkeitskennwerte sollte jünger als acht Jahre sein. Wurden die Zuverlässigkeitskennwerte in den letzten 8 Jahren nicht überprüft, muss begründet werden, warum das Verfahren dennoch ausgewählt wird.

Für den Nachweis der Zuverlässigkeitskennwerte gilt dasselbe wie für den Nachweis der Angemessenheit der Normwerte. Auch die Itemkennwerte „Itemschwierigkeit" und „Trennschärfe des jeweiligen Items" und damit die Gesamtreliabilität (der Zuverlässigkeitskennwert) können gesellschaftlichen

Veränderungen unterliegen. Und auch hier ist die regelmäßige Testrevision mit Neuberechnung der Zuverlässigkeitskennwerte deutlich vor der Acht-Jahres-Frist als Best Practice anzusehen.

Je früher Veränderungen und deren Auswirkungen abgebildet werden, umso früher können einzelne weniger trennscharfe Items durch neue trennschärfere Items ersetzt und so die Gesamtreliabilität möglichst hoch gehalten werden. Jeder verantwortungsbewusste Testentwickler und Testnutzer wird nicht erst nach acht Jahren intensiven Einsatzes eines Verfahrens feststellen wollen, dass in den letzten Einsatzjahren die Messgenauigkeit deutlich niedriger war, als im Zuverlässigkeitskennwert angegeben. Auch für die Berechnung der Zuverlässigkeitskennwerte gilt wie für die Normierung: Sobald Verfahren häufig eingesetzt werden und der Datenrückfluss vertraglich gesichert ist, ist der Aufwand für eine aktuelle Berechnung der Zuverlässigkeitskennwerte relativ gering.

Die Regelung des Datenrückflusses aus tatsächlichen Anwendungen ist im Übrigen auch deshalb Voraussetzung für Best Practice, da nur so gewährleistet werden kann, dass die Daten, die für die Normierung und die Berechnung der Teststatistiken (Itemschwierigkeit, Trennschärfe, Reliabilität etc.) verwendet werden, aus einem relevanten Anwendungszusammenhang kommen.

B.3 Gültigkeit

B.3.1 Allgemeine Anforderungen

B.3.1.1 In den Verfahrenshinweisen müssen Angaben zur Gültigkeit des Verfahrens gemacht werden, die aus empirischen Studien abgeleitet wurden.

Diese normative Forderung betont die Wichtigkeit des Gütekriteriums „Gültigkeit" und der zugrunde liegenden empirischen Studien.

B.3.1.2 Aus den Verfahrenshinweisen muss deutlich werden, welche empirischen Nachweise der Inhalts- und/oder Kriteriums- und/oder Konstruktgültigkeit eine Anwendung des Verfahrens bzw. der Verfahrensklasse für den laut Verfahrenshinweisen intendierten Anwendungszweck des Verfahrens rechtfertigen.

Diese normative Forderung soll es erleichtern, die Geeignetheit des jeweiligen Verfahrens für den intendierten Anwendungszweck zu überprüfen.

B.3.1.3 In den Verfahrenshinweisen muss angegeben werden, welche Gültigkeitswerte:
a) in Bezug zu welchem Kriterium (z. B. Bewährungskriterium) erzielt wurden;
b) für welche Referenzgruppe erzielt wurden;
c) in welcher Untersuchung erzielt wurden.

B.3.1.4 In den Verfahrenshinweisen muss weiterhin angegeben werden, welche Gültigkeitswerte:
a) für welches Verfahrensergebnis erzielt wurden. Bezieht sich der Gültigkeitswert beispielsweise auf das Gesamtergebnis oder auf ein Teilergebnis (etwa auf eine einzelne Skala oder einzelne Items)? Bezieht sich der Gültigkeitswert auf einen Rohwert oder auf einen standardisierten Wert?
b) zu welchem Zeitpunkt erzielt wurden.

Die normativen Forderungen unter B.3.1.3 und B.3.1.4 dienen ebenfalls einer Nachvollziehbarkeit im Detail. Gerade bei Validierungsuntersuchungen und den errechneten Gültigkeitskennwerten geht es ja um den Kernbereich jeder eignungsdiagnostischen Untersuchung, nämlich um die Gültigkeit bzw. Exaktheit der aus den Messergebnissen abgeleiteten Interpretation. Im Einsatzgebiet Personalauswahl geht es um die Vorhersage beruflicher Leistungs- und Erfolgskriterien. Das erklärt die herausragende Stellung des Gütekriteriums Gültigkeit bei der Beurteilung der Qualität eines eignungsdiagnostischen Verfahrens. Andererseits muss gerade bei angegebenen Kennziffern zur Gültigkeit deren Aussagekraft mit kritischem Blick geprüft werden. So hat die beliebte Korrelation von Selbstauskünften von Mitarbeitern mit der Fremdeinschätzung durch den jeweiligen Vorgesetzten bei Wissen der Teilnehmer um diese Überprüfung wenig Aussagekraft für das Einsatzgebiet Personalauswahl.

Leitfragen für die kritische Prüfung von Validierungsuntersuchungen sind:
- Zu welchen Erfolgskriterien wurde ein Zusammenhang nachgewiesen?
- Sind die untersuchten Erfolgskriterien und die untersuchte Stichprobe für das intendierte Einsatzgebiet und die Zielgruppe tatsächlich relevant?
- Sind die berechneten Kennziffern gegenüber dem Zufall abgesichert, sind sie also signifikant?
- Wie sieht es mit der Replizierbarkeit der Untersuchung aus – gibt es mehrere unabhängige Untersuchungen, die ein vergleichbares Ergebnis erbrachten?

- Sind die gefundenen Unterschiede zusätzlich zu ihrer Signifikanz in der Praxis bedeutsam?
- Wurden im Rahmen einer Untersuchungsplanung festgelegte, begründete oder theoretisch abgeleitete Hypothesen bestätigt (oder nicht bestätigt, welche davon?) oder ergaben sich etwa bei der Korrelation vieler Persönlichkeitsdimensionen mit vielen Kriterien (sogenanntes Datamining) „zufälligerweise" ein paar signifikante Treffer?

Die Antworten auf diese und ähnliche Fragen ergeben ein klares Bild, ob der in den Verfahrenshinweisen angegebene Anwendungszweck des Verfahrens gerechtfertigt ist. Pauschalisierende Angaben, dieses oder jenes Verfahren würde sich durch eine Validität von $r = .xx$ ausweisen, sind jedenfalls irreführend. Es kann immer nur darum gehen, für eine bestimmte Zielgruppe in einem bestimmten Anwendungsgebiet bestimmte Leistungs-/Erfolgskriterien vorauszusagen. Insofern hat ein Verfahren nicht eine Validität.

Validierungsuntersuchungen zu unterschiedlichen Anwendungszusammenhängen weisen dann unterschiedliche Werte für die Validitätskennziffern aus. Sie werden variieren je nach untersuchter Tätigkeit und je nach Belastbarkeit des Bewährungskriteriums wie u.a. Planerfüllungskennziffern, Umsatz, Provisionsertrag, Erfüllung von KPIs, Einschätzung durch den Vorgesetzten u.Ä. Die Koeffizienten werden dabei i.d.R. umso höher sein, je umgrenzter der Tätigkeitsbereich ist und je präziser das Bewährungskriterium differenziert.

Zum oben angesprochenen Datamining sei hier eine etwas technische Anmerkung erlaubt: Auch die Signifikanz ist eine Konvention. Auf dem 5 %-Niveau signifikant heißt ein Ergebnis, das, wenn es zufällig wäre, seltener aufträte als einmal in zwanzig Versuchen. Auf dem 1 %-Niveau signifikant ist ein Ergebnis, das seltener ist als einmal in 100 Versuchen, wenn es zufällig wäre. Daraus folgt im Umkehrschluss, dass man, wenn man 200 Korrelationen mit verfügbaren Variablen prüfte (Datamining), bei unsystematischen Zusammenhängen der Variablen untereinander durch den Zufall 10 Zusammenhänge auf 5 %-Niveau und zwei auf 1 %-Niveau als Resultat erhielte.

B.3.1.5 Der aktuellste Nachweis über die Gültigkeit des Verfahrens für den intendierten Anwendungsbereich sollte jünger als acht Jahre sein.

Dass in der überarbeiteten DIN 33430 im Gegensatz zur Vorgängerversion DIN 33430:2002-06 die normative Forderung nach dem Nachweis der Gültigkeit eines Verfahrens vor Ablauf von acht Jahren in eine reine Empfehlung umgewandelt ist, wurde vielfach in dem Sinne interpretiert, dass die überarbeitete DIN weniger oder gar keinen Wert mehr auf eine bestmögliche Erfüllung der wissenschaftlichen Gütekriterien legt. Dem ist keinesfalls so. Tatsächlich wurde im Arbeitsausschuss mit viel Engagement um einen bestmöglichen Kompromiss zwischen möglichst hohen Qualitätsanforderungen und einem leistbaren Aufwand in der Praxis gerungen. In der betrieblichen Praxis ist es tatsächlich immer wieder problematisch oder extrem aufwändig, an eine genügend große Anzahl an Untersuchungspersonen, die unter vergleichbaren Bedingungen arbeiten, oder auch an belastbare Kennziffern für die berufliche Leistung zu kommen. Kein Unternehmen beschäftigt bspw. so viele Einkäufer für ein Spezialsegment, dass für diese Position eine Kriteriumsvalidierung möglich wäre, die wissenschaftlichen Ansprüchen genügt.

Nun sollte ein hochqualitatives Verfahren, das ansonsten völlig im Sinne der DIN 33430 angewendet werden könnte, nicht schon deshalb nicht DIN-konform sein, weil es de facto keine Möglichkeit zu einer Validierungsstudie in den letzten acht Jahren gab. Diese Abänderung gegenüber der Vorgängerversion DIN 33430:2002-06 sollte also nicht im Sinne eines „Aufweichens" von Kriterien missverstanden werden. Sie sollte vielmehr als eine Anpassung an die Erfahrungen in der betrieblichen Praxis gewertet werden. Zusätzlich sollte diese Abänderung einen Beitrag dazu leisten, dass eine Verweigerung der Bestätigung der Normkonformität durch ein Zertifizierungsinstitut bereits beim Nichterfüllen einer einzigen normativen Forderung in jedem Fall inhaltlich Sinn macht. Dem Arbeitsausschuss war es wichtig, bei keiner normativen Forderung „zu streng zu sein" bzw. keine unnötigen normativen Forderungen aufzustellen. Damit wird im Übrigen auch der teilweise zu beobachtenden Zertifizierungspraxis, bereits beim Vorliegen eines bestimmten Prozentsatzes an normativen Forderungen die DIN-33430-Konformität zu bestätigen, eine klare Absage erteilt.

Sobald eine genügend große Anzahl an Untersuchungspersonen und Erfolgskennziffern vorliegt, ist es Best Practice, solche Validierungsstudien durchzuführen und in den Verfahrenshinweisen zu dokumentieren. Viele Verfahren und Methoden werden mit dem Anspruch sowohl einer hohen Marktdurchdringung als auch einer möglichst hohen wissenschaftlichen Absicherung vertrieben. Bei diesen Verfahren kann davon ausgegangen werden, dass die Bedingungen für Validierungsstudien, die jünger als acht Jahre sind, gegeben sind.

B.3.1.6 Sofern zur Bestimmung der Gültigkeit Methoden der statistischen Adjustierung/Optimierung angewendet wurden (z. B. Minderungskorrektur, Varianzeinschränkungskorrektur, multiple Regressionen):
a) müssen bei der Dokumentation der Analysen zur Gültigkeit sowohl die ursprünglich erhaltenen als auch die korrigierten Kennwerte aufgeführt werden;
b) müssen alle im Zusammenhang mit der Adjustierung verwendeten Statistiken genannt werden;
c) müssen neben den statistisch optimierten Schätzungen (z. B. multiple Regression) auch die einfachen Schätzungen (z. B. einfache Korrelationen) angegeben werden;

Korrelationskoeffizienten sind nicht gleich Korrelationskoeffizienten. Das gilt auch für die Korrelationskoeffizienten, die für die Berechnung der Gültigkeit den Zusammenhang erfassen zwischen einer Größe, die der Vorhersage dient, z. b. der allgemeinen Intelligenz, und einem Kriterium, das vorhergesagt werden soll, z. B. der Produktivität eines Programmierers. In der Statistik gibt es Korrekturen, die die Koeffizienten verändern. Diese Korrekturen sind der Tatsache geschuldet, dass empirische Untersuchungen nie unter idealen Bedingungen durchgeführt werden.

Wie bereits ausgeführt, kann kein Eignungsmerkmal mit hundertprozentiger Sicherheit gemessen werden. Jedes Messergebnis hat einen gewissen Messfehler. Auch Leistungskriterien, wie z. b. ein Maß für die Produktivität eines Programmierers, z. B. die Anzahl der korrekt geschriebenen Zeilen eines Computercodes, unterliegen einem Messfehler. Eine sogenannte Minderungskorrektur drückt nun die Annahme aus, dass die Korrelation zwischen den beiden Werten höher wäre, wenn die beiden Werte jeweils selbst schon genauer gemessen worden wären. Damit ergibt sich eine höhere Validitätskennziffer als Schätzung des tatsächlichen Zusammenhangs.

Gegen dieses Vorgehen ist prinzipiell nichts einzuwenden. Wenn nun aber ein statistisch optimierter Wert mit einer einfachen Korrelation ohne Minderungskorrektur in Bezug gesetzt wird, stimmt das Bezugssystem nicht mehr. Um die daraus resultierende Verzerrung zu unterbinden, schreibt die DIN 33430 durch die normativen Forderungen aus B.3.1.6 a) b) und c) vor, dass alle Korrekturen angegeben werden müssen.

Die unkorrigierten Korrelationen sind der robusteste Vergleichsmaßstab – bei den statistisch optimierten Schätzungen fließen teilweise nicht vollständig überprüfbare Zusatzannahmen ein, wie bspw. die Reliabilität des Erfolgskriteriums, die eine Vergleichbarkeit tendenziell beeinträchtigen. Geht der jeweilige Testautor bspw. von einer etwas niedrigeren Reliabilität des Erfolgskriteriums aus, kann er den resultierenden Korrelationskoeffizienten „nach oben korrigieren", ohne dass das jeweilige Verfahren die intendierten Eignungsmerkmale tatsächlich mit einer höheren Gültigkeit erfassen würde. Deshalb empfehlen die Kommentatoren, bei der Bewertung von Verfahren auf die „einfachen" (ursprünglich erhaltenen) und nicht auf korrigierte Kennwerte zurückzugreifen.

d) sollten die optimierten Schätzungen auf eine andere Personengruppe aus dem Geltungsbereich des Verfahrens angewendet und in ihrer Gültigkeit bestätigt werden (Kreuzvalidierung);

Diese Empfehlung bezieht sich darauf, dass, sofern die Schätzung eines Zusammenhangs statistisch optimiert wurde, die Angemessenheit dieser Optimierung selbst empirisch belegt werden sollte.

Dafür bietet sich eine andere Personengruppe aus dem Anwendungs-/Geltungsbereich des Verfahrens an.

e) sollten die statistischen Optimierungsprozeduren in handlungsleitende Beurteilungsregeln umgesetzt werden. Wenn beispielsweise gezeigt wird, dass die multiple Vorhersagbarkeit eines Kriteriums unter Einbezug mehrerer Prädiktoren (z.B. mehrere Skalen eines Tests) deutlich höher ist als die einfachen Korrelationen zwischen einzelnen Prädiktoren und diesem Kriterium, so sollte dem Anwender erläutert werden, wie er die verschiedenen Prädiktoren so kombinieren/gewichten kann, dass der Vorteil praktisch nutzbar wird.

Die Punkte d) und e) beziehen sich auf durch multiple Regression erhaltene Schätzungen. Dieses statistische Vorgehen bezieht sich auf komplexere Zusammenhänge, die sich daraus ergeben, dass nicht nur ein Messwert herangezogen wird, um etwas vorherzusagen, sondern eine Kombination von Verfahrensergebnissen.

Die DIN 33430 empfiehlt an dieser Stelle, dass die Interpretation der Zusammenhänge auch dem Anwender nutzbar gemacht werden sollte. Der Anwender ist in diesem Zusammenhang der verantwortliche Diagnostiker.

In der multiplen Regression besteht die Optimierung darin, dass alle Prädiktoren (erfasste Eignungsmerkmale) mit „optimierten" Gewichtungen versehen sind und dadurch unterschiedliche Beiträge für einen resultierenden, möglichst hohen Zusammenhang zu einem Erfolgskriterium liefern. Erfahrungsgemäß können die resultierenden Gewichtungen mehr oder weniger stark von der untersuchten Stichprobe abhängen. Erst wenn sich ähnliche Gewichtungen an einer unabhängigen, anderen Stichprobe replizieren lassen (Kreuzvalidierung), lassen sich die Gewichtungen sinnvoll in handlungsleitende Beurteilungsregeln übertragen. Ohne Kreuzvalidierung und entsprechend abzuleitende Beurteilungsregeln ist ein hoher multipler Regressionskoeffizient für den praktischen Einsatz wertlos.

B.3.1.7 Sofern der Gültigkeitsanspruch damit begründet wird, dass Gültigkeitshinweise aus anderen Untersuchungen in Anspruch genommen werden (Validitätsgeneralisierung), sollte nachvollziehbar ausgeführt werden,

a) welche Befunde generalisiert werden können (Darstellung der entsprechenden Studien, Literaturübersichten und Metaanalysen);

b) weshalb (und in welchem Ausmaß) sich die Gültigkeitshinweise übertragen lassen, die sich aus anderen Studien ergeben.

Hier ist zunächst zu prüfen, ob die Ausgangsbedingungen der Validierungsuntersuchung mit dem intendierten Einsatz vergleichbar sind. Diese Prüfung kann auf der Basis einer den normativen Forderungen der DIN 33430 entsprechenden Dokumentation erfolgen. Darüber hinaus empfiehlt der Arbeitsausschuss unter B.3.1.7 den Anbietern von messtheoretisch fundierten Verfahren, eine in Anspruch genommene Validitätsgeneralisierung auch detailliert zu begründen. Dies macht es dem Fachexperten leichter, die Angemessenheit des Einsatzes des Verfahrens zu beurteilen.

Validitätsgeneralisierung bedeutet in diesem Zusammenhang, dass von vorliegenden nachgewiesenen Zusammenhängen auf andere, ähnliche Zusammenhänge geschlossen wird. Auch die Tatsache, dass die Allgemeine Intelligenz für die meisten Aufgabenstellungen von allen untersuchten Faktoren am besten geeignet ist, Leistung vorherzusagen, wird häufig für eine Validitätsgeneralisierung herangezogen: Es macht für fast alle eignungsdiagnostischen Fragestellungen Sinn, Intelligenzmaße der Kandidaten zu erfassen und aus der Komplexität der Aufgabenstellung angemessen abgeleitete Schwellenwerte als erfolgskritische Messzahlen zu definieren.

Unter B.3.2 bis B.3.4 werden Empfehlungen für die unterschiedlichen Arten von möglichen Validierungen gegeben. Im Kontext der beruflichen Eignungsbeurteilungen, also für die Prognose beruflicher Leistung, kommt der Kriteriumsgültigkeit eine besondere Bedeutung zu. Denn sie zielt auf die Höhe des

Zusammenhangs zwischen Prädiktoren (gemessene Eignungsmerkmale) und beruflichen Leistungs- bzw. Erfolgskriterien. Konstrukt- und Inhaltsgültigkeit sind insbesondere in der Entwicklungsphase, für Validitätsgeneralisierungen (s. o.) und in der Forschung wichtig sowie generell immer dann, wenn es neben der Prognose auch auf ein exaktes Verstehen und Erklären von Wirkungszusammenhängen ankommt (im beruflichen Kontext z. B. im Potenzialcoaching oder beim Ableiten von individuellen Fördermaßnahmen in der Personalentwicklung).

B.3.2 Konstruktgültigkeit

B.3.2.1 Aufgrund von inhaltlichen Überlegungen sollte dargelegt werden, wie sich das fragliche Konstrukt zu ähnlichen Konstrukten verhält (konvergente Gültigkeit).

B.3.2.2 Aufgrund von empirischen Ergebnissen sollte dargelegt werden, wie sich das fragliche Konstrukt zu ähnlichen Konstrukten verhält (konvergente Gültigkeit).

B.3.2.3 Aufgrund von inhaltlichen Überlegungen sollte dargelegt werden, wie sich das fragliche Konstrukt zu unähnlichen Konstrukten verhält (diskriminante Gültigkeit).

B.3.2.4 Aufgrund von empirischen Ergebnissen sollte dargelegt werden, wie sich das fragliche Konstrukt zu unähnlichen Konstrukten verhält (diskriminante Gültigkeit).

B.3.3 Kriteriumsgültigkeit

B.3.3.1 Bei der Analyse der Kriteriumsgültigkeit des Verfahrens muss beschrieben werden, warum das in der Analyse jeweils verwendete Kriterium angemessen ist und valide erfasst wird.

B.3.3.2 Die Objektivität und Zuverlässigkeit jedes verwendeten Kriterienmaßes sollten nach Möglichkeit dargestellt werden.

B.3.3.3 Die Angemessenheit der für die Analyse der Kriteriumsgültigkeit herangezogenen Untersuchungsgruppe muss erläutert werden. Beispielsweise sollten die demographischen Merkmale der Untersuchungsgruppe (z. B. Bildungsstand, Alter, Berufserfahrung usw.) vor dem Hintergrund der als Zielgruppe des Verfahrens genannten Gruppe diskutiert werden.

Die Punkte B.3.3.1 und B.3.3.3 sind nicht nur als Empfehlungen, sondern als normative Forderungen formuliert. Dies ist der Wichtigkeit der Kriteriumsgültigkeit im Kontext von beruflichen Eignungsbeurteilungen geschuldet. Bei der

Kriteriumsgültigkeit hängt die Höhe des resultierenden Gültigkeitskennwerts stark von dem verwendeten Außenkriterium ab. Je genauer das Außenkriterium die jeweilige berufliche Leistung abbildet und je exakter es erfasst werden kann, umso relevanter und belastbarer ist die jeweilige Untersuchung.

In der betrieblichen Praxis werden häufig keine objektiven Leistungskennwerte erhoben, sondern fast ausschließlich Leistungseinschätzungen von Vorgesetzten als Außenkriterium herangezogen. Allerdings weisen unterschiedliche Vorgesetzte in der Regel unterschiedliche Bewertungsmaßstäbe auf. Das schlägt sich in einer niedrigen Reliabilität solcher Leistungskriterien nieder. Sind jedoch die Leistungskriterien nicht reliabel erfasst, so hat eine daraus resultierende Gültigkeitskennziffer wenig Aussagekraft. Daher wird in B.3.3.2 empfohlen, zu den Kriterien nach Möglichkeit entsprechende Angaben zu machen.

Die Kommentatoren empfehlen, bereits bei der Planung eines eignungsdiagnostischen Prozesses die Möglichkeit zu prüfen, objektive Leistungskriterien für die spätere Evaluation des Prozesses zu erheben.

B.3.3.3 bezieht sich auf die Erfahrung, dass Korrelationen zwischen Messwert und Außenkriterium in unterschiedlichen Populationen unterschiedlich ausfallen können. Deshalb ist die Vergleichbarkeit zwischen Untersuchungsgruppe und Zielgruppe wichtig.

B.3.4 Inhaltsgültigkeit (sofern für das jeweilige Verfahren relevant)

B.3.4.1 Der im Verfahren abgebildete Inhaltsbereich sollte nachvollziehbar beschrieben werden.

B.3.4.2 Die Kriterien zur Beschreibung des dem Verfahren zugrunde liegenden, hypothetischen Itemuniversums sollten angegeben werden.

B.3.4.3 Die Regeln, nach denen das Verfahren als systematisch zusammengestellte Itemstichprobe aus dem Itemuniversum abgeleitet wurde, sollten dargestellt werden.

B.3.4.4 Sofern die Frage, ob das Verfahren den definierten Inhaltsbereich repräsentiert, durch Experten beurteilt wurde,
a) sollte der fachbezogene Ausbildungsstand und die Erfahrung und die Qualifikation der beteiligten Experten beschrieben werden;
b) sollte erläutert werden, wie die Experten zu ihrer Einschätzung gekommen sind;
c) sollte angegeben werden, inwieweit die Expertenbeurteilungen übereinstimmten.

Verfahrenshinweise, die alle normativen Forderungen und Empfehlungen des Anhangs B der DIN 33430 erfüllen, erleichtern es, sich ein Bild über die Qualität unterschiedlicher zur Verfügung stehender messtheoretisch fundierter Verfahren zu machen. Damit trägt die DIN 33430 durch die Forderung nach einer standardisierten Dokumentation sowie durch einheitliche Richtlinien für die Durchführung empirischer Untersuchungen und die Berechnung der wissenschaftlichen Kennwerte für Reliabilität und Validität erheblich zur Qualität in der beruflichen Eignungsdiagnostik bei.

5.4 Anforderungen an computerbasierte und internetgestützte Verfahren

Sämtliche Anforderungen an messtheoretisch fundierte Verfahren gelten natürlich unabhängig von ihrer Darbietungsform. Daraus resultieren für computerbasierte oder über das Internet zur Verfügung gestellte Verfahren einige besondere Anforderungen, um die standardisierten und objektiven Anwendungsbedingungen zu ermöglichen und die Interpretierbarkeit der Ergebnisse zu gewährleisten. Z. B. darf nicht die Bearbeitung von Konzentrationsaufgaben aufgrund eines temporären Verlustes der Internetverbindung unterbrochen werden oder eine Logikaufgabe auf einem zu kleinen Bildschirm zur Wahrnehmungsaufgabe mutieren. Und auch für die auf der Basis der erhobenen Daten erstellten Statistiken (Normen, Reliabilitäten etc.) gilt, dass sie nur so gut sein können wie die zugrunde liegenden Daten.

Um auch bei computerbasierten und internetgestützten Verfahren ein qualitätsgesichertes Vorgehen zu gewährleisten, sind gemäß DIN 33430 insbesondere die folgenden Punkte zu berücksichtigen:

5.4.1 Allgemeines

Für computerbasierte und internetgestützte diagnostische Verfahren sind zusätzliche Maßnahmen zu ergreifen, die der besonderen Form dieser Erhebungsart gerecht werden. Zweckmäßig ist gegenwärtig eine Orientierung an internationalen Standards (z.B. International Guidelines on Computer-Based and Internet Delivered Testing, deutsch: Internationale Richtlinien für computerbasiertes und internetgestütztes Testen [3]. Insbesondere sind zu beachten:
1. Technische Rahmenbedingungen (siehe 5.4.2);
2. Qualität der computerbasierten Verfahren (siehe 5.4.3).

Die Guidelines der „International Testcommission (ITC)" sind, wie der Name sagt, Richtlinien. Auf sie wird nur exemplarisch, als Beispiel für internationale Standards verwiesen. Sie machen im Wesentlichen computer- und internettechnische Vorgaben und gehen nicht auf psychologische Technik im Sinn von Details der Item- und Skalenkonstruktion, der Normierung und Anwendung von Gütekriterien ein.

5.4.2 Technische Rahmenbedingungen

Es ist sicherzustellen, dass die Hardware- und Software-Anforderungen des diagnostischen Verfahrens durch die für die Eignungsbeurteilung vorgesehenen technischen Systeme erfüllt werden. Systemstabilität und Funktionsfähigkeit sind auf den relevanten Betriebssystemplattformen sicherzustellen bzw. vorab zu erproben. Entsprechende Instruktionen zum Umgang mit Routineproblemen und zur technischen Unterstützung sind zielgruppengerecht zu formulieren und zur Verfügung zu stellen. Für Testteilnehmer, die besonderer Hilfen bedürfen, sind technische Anpassungen (z.B. spezielle Eingabegeräte, größere Schrift) daraufhin zu prüfen, ob sie notwendig, möglich und fachlich vertretbar sind. Sofern die Ergebnisse eines Kandidaten mit den Ergebnissen anderer Kandidaten verglichen werden sollen, muss vorab bedacht werden, ob mit der technischen Anpassung die Vergleichbarkeit noch gegeben ist.

Bei internetgestützten Verfahren ist zusätzlich die Kompatibilität mit gängigen Browsern zu überprüfen und zu spezifizieren. Es ist des Weiteren dafür Sorge zu tragen, dass jeder einzelne Subtest/Untertest auch bei Unterbrechung der Internetverbindung störungsfrei zu Ende bearbeitet werden kann und die Ergebnisse korrekt gespeichert werden. Die Qualität der Internetverbindung sowie Hardware-Unterschiede (im Rahmen der für die Anwendung vorgesehenen Grenzen) dürfen keine interpretationsrelevante Auswirkung auf das Zeitverhalten bei der Bearbeitung haben (z.B. Umblätterzeiten).

5.4.3 Qualität der computerbasierten Verfahren

Neben üblichen Kriterien der psychometrischen Qualität ist zusätzlich darauf zu achten, dass keine Kenntnisse, Fertigkeiten oder Fähigkeiten das Ergebnis beeinflussen, die nicht zum zu erfassenden Eignungsmerkmal gehören und zugleich bei der Zielgruppe des Verfahrens unterschiedlich ausgeprägt sein können.

BEISPIEL   Das Ergebnis eines computerbasierten Aufmerksamkeitsverfahrens darf nicht vom Ausmaß der Computerkenntnisse oder der Routine im Umgang mit Computern beeinflusst werden.

Im Falle von elektronischen Umsetzungen von Papier-Bleistift-Tests (en: Paper-Pencil-Tests) ist darauf zu achten, dass die Normen und Interpretationen der Papier-Bleistift-Version nur dann auch für die computergestützte Variante verwendbar sind, wenn stichhaltige Nachweise für deren psychometrische Äquivalenz zum Papier-Bleistift-Test vorliegen. Insbesondere sind dabei Informationen zu Verteilungscharakteristika der Personenwerte, Zuverlässigkeit und Gültigkeit beider Verfahrenstypen relevant.

Diese Ausführungen sind sämtliche Muss-Anforderungen, die zu erfüllen sind, um internet- und computerbasierte Tests sinnvoll einsetzen zu können. Darüber hinaus sollten Auftraggeber und verantwortliche Diagnostiker beim Einsatz aller Testinstrumente unabhängig von den eingesetzten Medienformen immer sensibel für die Nebeneinflüsse aus Rahmenbedingungen sein und hinterfragen, welche Einflüsse die Durchführungsbedingungen auf die Ergebnisse und auf die Interpretation der Ergebnisse haben können.

Des Weiteren ist bei einer Durchführung von Verfahren über das Internet Folgendes zu beachten:

5.5   Sicherstellung des Datenschutzes

Bei der Sammlung, Verwendung und Speicherung persönlicher Daten müssen die jeweils einschlägigen Datenschutzbestimmungen eingehalten werden.

Hier gilt wie bei allen Prozessschritten einer beruflichen Eignungsdiagnostik, dass einschlägige rechtliche Rahmenbedingungen einzuhalten sind. Die DIN 33430 hebt den Datenschutz besonders hervor.

5.6   Sicherstellung des Verfahrensschutzes

Wenn ein Interesse am Verfahrensschutz besteht, ist durch geeignete Maßnahmen (z.B. durch ausschließliche Vorgabe des Verfahrens unter vollständig kontrollierten Bedingungen) dafür Sorge zu tragen. Der Zugang zu Verfahrensmaterialien (z.B. Items, Auswertungsschlüssel) ist auf qualifizierte und autorisierte Personen zu beschränken. Bei der Übertragung von

Informationen über das Internet ist die Sicherheit durch geeignete Maßnahmen (Verschlüsselung bei der Datenübermittlung, Passwortschutz usw.) sicherzustellen.

Unterschiedliche Zugänge zu wichtigen Verfahrensinformationen beeinträchtigen, wie bereits weiter oben ausgeführt, die Vergleichbarkeit der Verfahrensergebnisse und die Fairness den Teilnehmern gegenüber.

ZUSAMMENFASSUNG

Anforderungen an messtheoretisch fundierte Verfahren

1) Der Anforderungsbezug muss für die jeweilige Zielposition gegeben sein. Im Vorfeld des Einsatzes des Verfahrens muss ein Anforderungsprofil erstellt werden.

2) Es müssen verständliche Informationen über das Verfahren, seine diagnostische Zielsetzung, den theoretischen Hintergrund und zur Konstruktion vorhanden sein.

3) Es müssen spezifische Informationen zur Handhabung des Verfahrens vorhanden sein.

4) Die Objektivität muss durch standardisierte Anwendungs-, Auswertungs- und Interpretationsbestimmungen und/oder technische Maßnahmen sichergestellt sein.

5) Es müssen empirische Untersuchungen zur Normierung und den Gütekriterien Reliabilität und Gültigkeit vorhanden (und dokumentiert) sein, die wissenschaftlichen Standards genügen (u. a. Größe, Repräsentativität, Aktualität, Angemessenheit der Stichprobe, Relevanz der Erfolgs- und Leistungskriterien).

6) Empfehlung der Kommentatoren für eine angemessene Größe der Normstichprobe: $N > 500$.

7) Falls das Verfahren gruppenspezifische Normen vorsieht, sollten die Anwendung und die Effekte dieser gruppenspezifischen Normen nachvollziehbar erläutert sein.

8) Es müssen Angaben zur Reliabilität aus empirischen Untersuchungen vorliegen.

9) Für biografisch stabile Merkmale sollten neben Untersuchungen zur internen Konsistenz auch Retest-Untersuchungen vorliegen.

10) Es müssen Angaben zur Gültigkeit vorliegen (Empfehlung: Fokus auf unkorrigierte Korrelationen ohne statistische Optimierungen).
11) Im Falle statistischer Optimierungen (z. B. Minderungskorrektur, Varianzeinschränkungskorrektur, multiple Regression) müssen auch die ursprünglich erhaltenen Kennwerte und die angewendeten statistischen Methoden angeführt werden.
12) Wenn Validitätsgeneralisierung beansprucht wird, sollte nachvollziehbar ausgeführt werden, welche Befunde weshalb und in welchem Maße generalisierbar sind.
13) Eine Gleichbehandlung aller Teilnehmer muss sichergestellt sein (Fairness, möglichst hohe Unverfälschbarkeit der Ergebnisse, unterschiedliche Sprachnormierungen im internationalen Einsatz).

4.2.3 Interviews

Die DIN 33430 fasst einige Anforderungen an Interviews und Verfahren zur Verhaltensbeobachtung (Arbeitsproben und situative Verfahren) zusammen, da bei beiden Verfahrenskategorien die gewonnenen Daten persönlich in der Interaktion mit den Kandidaten oder durch Beobachtung der Kandidaten erhoben und durch Personen in Eignungsbeurteilungen überführt werden.

5.3.2 Anforderungen an direkte mündliche Befragungen und an Verfahren zur Verhaltensbeobachtung

5.3.2.1 Einleitung

Sowohl bei direkten Befragungen (z. B. Interview) als auch bei Verfahren zur Verhaltensbeobachtung (z. B. Rollenspiel, Gruppendiskussion) erfolgt die Beurteilung durch Personen (Interviewer, Beobachter). Daher können einige Anforderungen an Beurteiler und deren Zusammenwirken formuliert werden, die für beide Verfahrenskategorien gelten, bevor anschließend die verfahrensspezifischen Anforderungen formuliert werden.

5.3.2.2 Gemeinsame Anforderungen

Interviews und Verhaltensbeobachtungen müssen von Personen durchgeführt werden, die nachweislich für diese Aufgaben qualifiziert sind bzw. eigens trainiert wurden. Die Interviewer/Beobachter müssen dem Kandidaten gegenüber unvoreingenommen vorgehen.

Bei Interviews und Verhaltensbeobachtungen hängt die Qualität des eignungsdiagnostischen Vorgehens zum einen von einer möglichst verzerrungsfreien Gewinnung von diagnostisch relevanten Daten ab. Zum anderen müssen die gewonnenen Daten im Hinblick auf den Erfüllungsgrad eines vorher festgelegten Anforderungsprofils bewertet werden. Sowohl die Gewinnung als auch die Interpretation der Daten sind vielen Verzerrungsrisiken unterworfen.

So macht es z. B. einen erheblichen Unterschied, ob Interviewfragen offen („Wie gehen Sie an die Lösung von Konflikten heran? Schildern Sie bitte ein konkretes Beispiel aus der jüngeren Vergangenheit.") oder suggestiv/affirmativ gestellt werden („Ihnen ist doch sicher auch wichtig, bei Konflikten alle Betroffenen zu Beteiligten zu machen – Wie gehen Sie da vor?"). Denn wenn bereits die gewonnenen Daten in erheblichem Maße vom Interviewer abhängen, fehlt bereits im ersten Schritt des eignungsdiagnostischen Vorgehens die Basis für eine objektive Eignungsbeurteilung.

Bei der Interpretation der gewonnenen Daten müssen sich Interviewer und Beobachter systematischer Verzerrungstendenzen in der sozialen Wahrnehmung (z. B. Überstrahlungseffekt des ersten Eindrucks, Sympathie, Antipathie, selektive Wahrnehmung) bewusst sein, um durch geeignete Maßnahmen gegensteuern zu können.

Den zahlreichen Verzerrungsrisiken kann nur durch Wissen um die Fehlerquellen sowohl bei der Datenerhebung als auch bei der Dateninterpretation und durch ein geeignetes Training von effektiven Gegenmaßnahmen begegnet werden. Deshalb fordert die DIN 33430 den Nachweis einer entsprechenden Qualifikation (siehe auch Normungskapitel 9.3 Qualifikationsanforderungen an Beobachter – das Kapitel bezieht sich auch auf Interviewer) oder ein Training, das diese Qualifikationsanforderungen vermittelt, als Muss-Anforderung.

In der betrieblichen Praxis wird häufig auf ein ausführliches Interview- bzw. Beobachter-Training verzichtet. Selbst wenn Unternehmen ein entsprechendes Training als Standard-Weiterbildungsmodul anbieten und Interviewer- und Beobachter-Pools aufgebaut haben, kommt es bei einem Wechsel im Pool immer wieder vor, dass Nachbesetzungen vorgenommen werden, ohne dass die jeweiligen Kandidaten das entsprechende Training absolviert haben. Oft wird auch davon ausgegangen, dass erfahrene Führungskräfte schon rein intuitiv gute Interviews führen, blicken sie doch auf eine langjährige Gesprächs- und Beobachtungspraxis zurück. Diese Annahme beruhigt zwar das Gewissen der Verantwortlichen, sie ist aber definitiv falsch.

Die Erfahrung zeigt immer wieder, dass nicht systematisch trainierte Interviewer mit wachsender Erfahrung zwar subjektiv sicherer in ihrer Beurteilung werden, jedoch nicht wirklich treffsicherer sind als vergleichsweise weniger

4 Eignungsdiagnostik als Kernfunktion von Personalmanagement

erfahrene Interviewer. Das liegt auch daran, dass das Durchführen vieler Interviews nicht unbedingt zu einem Lerneffekt führt, weil es kaum verwertbares Feedback über den Erfolg gibt. Interviewer bekommen in der Regel keine Erfolgsmeldungen, die sie systematisch mit ihrer Auswahlprozedur vergleichen. Im Falle einer Einstellung würden ihnen selbst Erfolgsmeldungen nicht helfen zu erkennen, welche ihrer Fragen brauchbar und welche unbrauchbar sind. Ein Teil der Fehler, die bei Einstellungsentscheidungen gemacht werden, ist sogar prinzipiell nicht erkennbar, nämlich die Ablehnung qualifizierter Bewerber.

Der Mangel an Lernmöglichkeit durch Erfahrung muss also durch ein systematisches Training kompensiert werden – ein Training, in dem die wissenschaftlichen Erkenntnisse der Interviewforschung vermittelt und in praxisbewährte Handlungsempfehlungen übertragen werden (u. a. häufigste Fehler im Interview und Optimierungshinweise, praxisbewährte Interview-/Fragetechnik, sinnvolle Gesprächsstruktur).

In der DIN 33430 sind Länge, Intensität und Qualität eines Interview-Trainings nicht spezifiziert. Die Autoren dieses Kommentars empfehlen jedoch dringend, einen großen Wert auf ein hochqualitatives Training aller Interviewer zu legen. Erfahrungsgemäß ist ein kompetentes Führen von Interviews nicht an einem Trainingstag oder gar in 4 Stunden zu vermitteln. Es braucht zumindest die Abfolge Training – begleitete Praxiserfahrung – Vertiefungstraining.

In der wissenschaftlichen Literatur wird für die Validität von Interviews eine Bandbreite an Validitätskennziffern von deutlich unter $r = .20$ (unstrukturierte Interviews) bis über $r = .60$ angegeben (siehe hierzu u. a. Schuler 2014). Je nach Güte der Interviews könnte man also genauso gut würfeln oder man erreicht eine Vorhersagegenauigkeit im Spitzenbereich eignungsdiagnostischer Verfahren. Letzteres ist nur bei Beachtung der Erkenntnisse der Interviewforschung und mit erfahrenen, trainierten Interviewern möglich. Die Erfahrung mit in Interviews erfahrenen Personalfachleuten und auch Personalberatern, die bereits extrem viele Interviews durchgeführt haben, zeigt, dass nahezu alle Teilnehmer von einem systematischen, wissenschaftlichen Ansatz und dem Aufzeigen der Wirkzusammenhänge sehr profitieren (sei es, weil bestimmte individuelle Vorgehensweisen bestätigt, sei es, weil effektivere Handlungsalternativen erkannt werden).

Die zusätzliche Forderung im Normtext, dass Interviewer/Beobachter dem Kandidaten gegenüber unvoreingenommen vorgehen müssen, ist einerseits ohne entsprechende Qualifikation bzw. Training nicht sicherzustellen. Andererseits geht es darum, Interessenkonflikte zu vermeiden, die etwa bestehen, wenn der direkte Vorgesetzte, der einen eigenen Mitarbeiter für die Aufnahme in einen

High-Potential-Pool vorgeschlagen hat, diesen Mitarbeiter im Vergleich zu anderen Kandidaten bewerten muss.

Die folgenden Absätze des Normtextes fassen die wichtigsten Forschungsergebnisse zur Qualitätssteigerung von Interviews (Erhöhung der Gültigkeit und damit der Trefferquote) in normative Forderungen und Empfehlungen zusammen:

> Es sind konkrete Maßnahmen zu ergreifen, um sicherzustellen, dass alle Kandidaten mit gleichen Anforderungen konfrontiert (z. B. Formulierung der Fragen im Interview, Elaborationsmöglichkeit durch Nachfragen des Interviewers, Verhalten des Rollenspielers im Rollenspiel usw.) und auf gleiche Weise behandelt (z. B. Umgang mit Nachfragen, Bewertungsmaßstab für die Antworten und Verhaltensreaktionen usw.) werden. Solche Maßnahmen sind beispielsweise Schulungsmaßnahmen sowie die Nutzung von Interviewleitfäden, Teilnehmer- und Beobachterinstruktionen sowie Handhabungshinweise (siehe Anhang A).

Hier geht es um eine Standardisierung in der Durchführung und Auswertung von Interviews (und Verhaltensbeobachtungen) und somit um die Grundvoraussetzung für Durchführungs- und Auswertungsobjektivität.

In den letzten 30 Jahren hat die Interviewforschung die wichtigsten Ursachen für die unzulängliche Validität der in der betrieblichen Praxis immer noch weit verbreiteten unstrukturierten, frei geführten Auswahlgespräche unmissverständlich dargelegt. Grob zusammengefasst sind folgende Fehlerquellen für die mangelnde Treffsicherheit in der Vorhersage beruflichen Erfolgs verantwortlich:

Fehlerquellen im unstrukturierten Interview
- Mangelnder Bezug der Fragen zu den Tätigkeitsanforderungen
- Falsche Fragetechnik (Geschlossene Fragen, Suggestiv-Fragen, Affirmativ-Fragen etc.)
- Unzulängliche Verarbeitung der aufgenommenen Information
- Fehlende Systematik in der Urteilsbildung und daraus resultierend eine geringe Beurteiler-Übereinstimmung
- Dominierendes Gewicht früher Gesprächseindrücke
- Überbewertung negativer Information
- Emotionale Einflüsse (z. B. Sympathie) auf die Urteilsbildung
- Das gesamte Interview ist als „Stress-Interview" gestaltet

- Angst, zu freundlich zu sein, um „keine Verpflichtung zu schaffen"
- Beanspruchung des größten Teils der Gesprächszeit durch den Interviewer, insbesondere bei positiv bewerteten Kandidaten

Zu jedem Eignungsmerkmal sollte im Interview mehr als eine Frage gestellt bzw. in Verfahren zur Verhaltensbeobachtung mehr als eine Übung (z. B. Rollenspiel, Gruppendiskussion, Präsentation, Fallstudien, Arbeitsproben) vorgesehen werden.

Dies stellt ein Grundprinzip einer additiv-absichernden Eignungsdiagnostik dar und hilft unzulässige, aber in der Praxis durchaus anzutreffende „Kurzschlüsse" nach dem Motto „Wenn ein Kandidat auf Frage X nicht erwähnt, dass ..., muss er im Eignungsmerkmal Y mit der Kategorie ‚erfüllt die Anforderung nicht' beurteilt werden." zu vermeiden.

Die grundsätzliche Haltung „Der jeweilige Kandidat soll möglichst optimale Rahmenbedingungen vorfinden, um seine Kompetenzen tatsächlich zeigen zu können." führt zu den validesten Interviewergebnissen. Nachdem jede einzelne Frage durchaus individuell unterschiedlich verstanden werden kann, gehört dazu das Beleuchten eines Eignungsmerkmals aus unterschiedlichen Blickwinkeln anhand mehrerer Fragen.

Interviewverlauf und Antworten auf Interviewfragen sowie relevante Beobachtungen sind für die Eignungsbeurteilung in geeigneter Form festzuhalten (z. B. Interviewprotokoll bzw. Beobachtungsbogen).

Hier geht es um die Nachvollziehbarkeit des Zustandekommens der Eignungsbeurteilung, wobei es sich hier zwar um eine normative Forderung handelt, die DIN 33430 jedoch offen lässt, was unter einer geeigneten Form zu verstehen ist. Dies auch deshalb, weil die Anforderungen an die Dokumentation sicherlich auch vom Einsatzgebiet abhängen. Mindestkriterien für eine Nachvollziehbarkeit sind aus Sicht der Kommentatoren das Protokollieren der Interviewfragen, das Notieren von Stichworten zu den Antworten und die Zusammenfassung der aus den Antworten resultierenden Beurteilungen pro Eignungsmerkmal und Interviewer.

Zumindest für das Einsatzgebiet Personalentwicklung sollten immer auch Hinweise auf konkrete Verbesserungsmöglichkeiten erfasst werden, weil dies jede Bewertung, die unterhalb der Kategorie „erfüllt die Anforderungen voll" liegt, konkretisiert und damit nachvollziehbarer macht.

Für eine rechtliche Absicherung z.B. für den Fall von Konkurrentenklagen, bspw. bei Fragestellungen des Laufbahnwechsels in Behörden sind die höchsten Anforderungen an die Dokumentation zu stellen. Im Falle eines fehlenden Interviewleitfadens oder spontan gestellter, von Kandidat zu Kandidat deutlich abweichender Fragen wird es nahezu unmöglich nachzuweisen, dass die Anforderungen für alle Kandidaten gleich waren.

Eignungsmerkmale müssen durch konkrete Verhaltensweisen beschrieben werden. Die Ausprägungen der Potenziale und Kompetenzen sollten sofern möglich, durch vorab festgelegte verhaltensverankerte Beurteilungsskalen beschrieben werden.

Grundsätzlich gibt es drei mögliche Beschreibungsebenen für Anforderungskriterien bzw. Eignungsmerkmale: Eigenschaftsbegriffe, Fähigkeitsbegriffe oder die Beschreibung von konkreten (und damit prinzipiell beobachtbaren) Verhaltensweisen. Erfahrungsgemäß werden Anforderungsprofile häufig anhand von Eigenschafts- und Fähigkeitsbegriffen erstellt: „kompetent, gewinnend, initiativ, teamfähig, durchsetzungsstark" soll der neue Mitarbeiter sein und über ein hohes „strategisches Denken" und „Verhandlungsgeschick" verfügen etc. Insbesondere die Eigenschaftsbegriffe haben dabei nur scheinbar einen großen Vorteil: Man kann sich schnell auf einen Anforderungskanon einigen, weil jeder unter den Eigenschaftsbegriffen das verstehen kann, was er will. Meinungsverschiedenheiten kommen so erst gar nicht ans Tageslicht. In der Vieldeutigkeit der Eigenschaftsbegriffe liegt daher auch deren größter Nachteil. Je nach Kontext kann der gleiche Begriff sogar positiv oder negativ besetzt sein. Wenn es darauf ankommt, dass alle unter einem Anforderungskriterium das Gleiche verstehen, ist es deshalb unerlässlich, das Anforderungskriterium mittels konkret beobachtbarer Verhaltensweisen zu beschreiben.

PRAXISBEISPIEL

Operationalisierung bzw. Beschreibung des Anforderungskriteriums „Überzeugungskraft" mittels konkret beobachtbarer Verhaltensweisen
- Geht offen auf Gesprächspartner zu
- Geht zielgerichtet auf gestellte Fragen ein
- Baut Argumente logisch und nachvollziehbar auf
- Verwendet prägnante und anschauliche Formulierungen

4 Eignungsdiagnostik als Kernfunktion von Personalmanagement

- Verwendet überwiegend Positiv-Formulierungen
- Hört aktiv zu
- Stellt sich auf unterschiedliche Gesprächspartner ein
- Unterstützt eigene Aussagen durch Gestik, Mimik und Körperhaltung
- Unterstützt eigene Aussagen durch seine Sprechstimme (Sprechgeschwindigkeit, Modulation, Lautstärke)
- Kann begeistern und Gesprächspartner für die eigenen Ideen gewinnen

Ob das Eignungsmerkmal dabei als „Argumentationsfähigkeit/Überzeugungskraft", „Überzeugungsfähigkeit", „Kommunikationsfähigkeit" tituliert wird, ist nicht entscheidend. Entscheidend ist eine einheitliche Operationalisierung anhand von konkret beobachtbaren Verhaltensweisen. Diese müssen für die jeweilige Zielposition erfolgskritisch bzw. leistungsrelevant sein. Überzeugungskraft bedeutet bei einem Fachspezialisten durchaus im Detail etwas anderes als bei einem Vertriebsmitarbeiter oder bei einem Vorstandssprecher.

Die Auswertung von Interviews und Verhaltensbeobachtungen muss regelgeleitet erfolgen. Wenn mehrere Personen am Interview oder an der Verhaltensbeobachtung teilnehmen und gleichzeitig eine Beurteilung abgeben, so müssen die Bewertungen zunächst unabhängig voneinander vorgenommen werden.

Ein solches, empfehlenswertes Regelwerk wäre z. B. pro konkreter Verhaltensweise festzuhalten, ob die jeweilige Verhaltensweise überwiegend gezeigt wird oder nicht. Dies kann bei entsprechend gestalteten Auswertebogen durch einfaches Ankreuzen erfolgen.

Aus der Gesamtheit der Bewertungen aller relevanten Verhaltensweisen wird dann das Gesamturteil abgeleitet.

PRAXISBEISPIEL

Bewertungsschema für Anforderungskriterien in Interviews oder situativen Übungen

Ein sinnvolles und praxisbewährtes Schema für das Gesamturteil verbalisiert zu einer Vereinheitlichung des Verständnisses die einzelnen Bewertungsstufen und sieht z. B. folgendermaßen aus:

Bewertungsstufe 1:	„Erfüllt die Anforderungen bezüglich der beurteilten Dimension nicht"
Bewertungsstufe 2:	„Erfüllt die Anforderungen bezüglich der Dimension in wesentlichen Teilen nicht, es besteht erheblicher Verbesserungsbedarf"
Bewertungsstufe 3:	„Erfüllt die Anforderungen im Wesentlichen, es besteht leichter Verbesserungsbedarf"
Bewertungsstufe 4:	„Erfüllt die Anforderungen voll"
Bewertungsstufe 5:	„Erfüllt die Anforderungen in herausragender Weise"

Die Anzahl der Bewertungskategorien variiert in der Praxis von 3 bis 9. Bei drei Kategorien neigen die Interviewer oft dazu, die Kreuze auch zwischen den Kategorien zu machen, weil sie sich eine stärkere Differenzierungsmöglichkeit wünschen. 9 Kategorien erzeugen in der Regel eine „Scheingenauigkeit", weil die Interviewer mit einer so starken Differenzierung in der Regel überfordert sind. Die im Beispiel gezeigten 5 Beurteilungskategorien reichen vom Differenzierungsgrad sowohl für Auswahlentscheidungen als auch für Personalentwicklungsempfehlungen und überfordern die Interviewer nicht. Der Vorteil der gewählten Verbalisierung im Vergleich zu den stärker verbreiteten „—; -; 0; +; ++" oder „weit unterdurchschnittlich-, unterdurchschnittlich-, durchschnittlich-, überdurchschnittlich-, weit überdurchschnittlich"-Beurteilungsschemata liegt in dem Fokus auf dem Verbesserungsbedarf, der anhand der Interviewergebnisse oder Beobachtungen konkret benannt werden sollte. Dadurch kann bei abweichenden Beurteilungsergebnissen zweier Interviewer oder mehrerer Beobachter leichter ein gemeinsames Gesamturteil formuliert werden. Dazu muss derjenige mit der niedrigeren Bewertungseinstufung den von ihm erkannten Verbesserungsbedarf konkret benennen. Dies kann anhand der Operationalisierungen des Eignungsmerkmals problemlos erfolgen. Auf diese Weise ist auch sichergestellt, dass unterschiedliche Interviewer unter dem jeweiligen Eignungsmerkmal dasselbe verstehen. Im nächsten Schritt wird gemeinsam geprüft, ob der benannte Verbesserungsbedarf tatsächlich laut Einschätzung aller Beurteiler gegeben ist und wie hoch der geschätzte Aufwand ist, um die Anforderungen voll zu erfüllen. Diese Art von Bewertungsskala unterstützt so eine faktenorientierte gemeinsame Urteilsbildung und verhindert Endlosdiskussionen oder die Notlösung einer Mittelwertbildung, die methodisch bedenklich wäre und für die Beteiligten unbefriedigend ist.

Sinnvollerweise wird das verwendete Beurteilungs-Schema in den Handhabungshinweisen zusätzlich erläutert und idealerweise visualisiert. Für das verwendete Praxisbeispiel z. B. folgendermaßen:

PRAXISBEISPIEL

Bewertungsschema für Anforderungskriterien in Interviews oder situativen Übungen – *Fortsetzung*

Die Beurteilungen beziehen sich auf die derzeitige Position: Die Bewertungsstufen 1 bis 2 stellen dabei eine in der Grundtendenz negative Bewertung dar. 3 ist eine grundsätzlich positive Bewertung. Allerdings ist mit Zusatzaufwand zu rechnen, der in den Bemerkungen auch konkretisiert werden soll. 4 steht für eine Leistung, die voll den Anforderungen entspricht. Eventuelle Verbesserungshinweise beziehen sich auf nicht erfolgsentscheidende Punkte („i-Tüpfelchen"). 5 stellt bezüglich der beurteilten Interviewdimension eine deutlich überdurchschnittliche Leistung (obere 5 bis 10 Prozent) dar. Visualisierung der Beurteilungsstufen:

-			+	
1	2	3	4	5

Ein rein faktenorientiertes Zusammentragen der „Beobachtungen" (auf der Grundlage verbaler Schilderungen im Interview oder konkreter Verhaltensweisen bei situativen Verfahren) setzt voraus, dass alle Interviewer bzw. Beobachter auf Augenhöhe agieren können und kein Hierarchiegefälle oder eine Dominanz eines einzelnen Beurteilers besteht. Um bei mehreren Interviewern/Beobachtern den Objektivitätsgewinn durch eine additiv-absichernde Urteilsbildung durch mehrere unabhängige Beurteiler nicht zu verlieren, weil ein Beurteiler sich mit seinem Urteil einfach durchsetzt, ohne dass die individuellen Eindrücke zunächst zusammengetragen und besprochen werden, fordert die DIN 33430, die Bewertungen zunächst unabhängig voneinander vorzunehmen und dies auch zu dokumentieren. Diese Dokumentation liefert dann auch die Datenbasis, um Kennwerte für die Objektivität/Reliabilität (Interviewer-Übereinstimmung) berechnen zu können.

Für jedes Eignungsmerkmal müssen die Bewertungen der verschiedenen Interviewer/Beobachter auf der Basis einer vorher festgelegten Regel zusammengefasst werden. Sofern ein Gesamturteil gebildet wird, müssen die

Bewertungen der verschiedenen Kompetenzen bzw. Potenziale über eine vorher festgelegte Entscheidungsregel zu diesem Gesamturteil zusammengefasst werden.

Auch hier geht es wieder um eine möglichst hohe Objektivität. Es muss festgelegt werden, wie die Bewertungen verschiedener Interviewer zu einem Urteil pro Eignungsmerkmal zusammengetragen werden. Die häufig anzutreffende Mittelwertbildung nutzt dabei kaum das Optimierungspotenzial einer additiv-absichernden Urteilsbildung. Wenn zunächst alle unabhängigen Beobachtungen zusammengetragen werden und dann alle Interviewer/Beobachter aufgrund der erweiterten Datenbasis (unterschiedliche Interviewer legen tendenziell unterschiedliche Schwerpunkte, einige Aspekte mögen der Aufmerksamkeit eines Interviewers entgangen sein) zu einem gemeinsamen Urteil kommen, ist das resultierende gemeinsame Urteil in der Regel genauer als jedes einzelne Urteil. Auch können stark abweichende Einzelurteile darauf hinweisen, dass ein bestimmtes Verhalten polarisiert. Dies kann eine wertvolle Rückmeldung für den Kandidaten sein und eine wertvolle Erkenntnis für die gemeinsame Urteilsbildung – bei einer Mittelwertbildung ginge diese Erkenntnis verloren.

Bei der Bildung eines Gesamturteils geht es darum, aus den Bewertungen sämtlicher Eignungsmerkmale z.B. eine Besetzungsentscheidung zu treffen. Mit der hierzu in der Norm geforderten festgelegten Entscheidungsregel ist nicht eine rein mathematische Abbildung der Entscheidung gemeint, sondern eine grundsätzliche Festlegung auf die Vorgehensweise, wie die einzelnen Bewertungen zusammengeführt werden.

Eine strikte, mathematische Entscheidungsregel ist aus Sicht der Kommentatoren nicht zu empfehlen, weil im Einzelfall auch eine besonders ungünstige Ausprägung eines einzelnen Kriteriums zum Ausschluss führen kann. Stattdessen empfiehlt sich das Festlegen von Eckpunkten für die Entscheidungsfindung anhand von Leitfragen wie: Kann der erkannte Entwicklungsbedarf in der konkreten Position geleistet werden? Welche Kombinationen an Einzelbewertungen sollen immer zu einer Empfehlung führen, welche immer zu einer Nicht-Empfehlung?

Die Entscheidungsregel kann z.B. auch festlegen, die Gesamtentscheidung in einer durch den verantwortlichen Eignungsdiagnostiker moderierten Diskussion herbeizuführen. Dieses Vorgehen hat den Vorteil, dass die Interviewer/Beobachter auch in schwierigen Entscheidungsfällen hinter der gegebenen Empfehlung stehen.

5.3.2.3 Anforderungen an direkte mündliche Befragungen

Bei direkten mündlichen Befragungen wird unterschieden, ob der Kandidat selbst (Selbstbericht) oder eine dritte Person zum Kandidaten (Fremdbericht) befragt wird. Der erste Fall betrifft vor allem die Durchführung eines Eignungsinterviews, der zweite Fall das Einholen mündlicher Referenzen.

Für das Einholen von Referenzen gelten die gleichen Anforderungen wie für die Durchführung von Interviews. Dieser diagnostische Anspruch an beide Formen der Befragung ist darin begründet, dass nicht davon ausgegangen werden kann, dass ein Referenzgeber unvoreingenommen ist. Daher ist auch ein solches Interview in einer Weise zu führen, die, unabhängig von der Einstellung eines Referenzgebers oder eines anderen Dritten, in einem Informationsgewinn für die Eignungsbeurteilung resultiert.

Vor der Eignungsbeurteilung ist die Anzahl der Interviewer festzulegen, die am jeweiligen Gespräch teilnehmen. Sind mehrere Interviewer an einem Gespräch beteiligt, sind dabei auch ihre Rollen festzulegen. Außerdem ist vorab zu klären, wie viele Interviews mit einem Kandidaten geführt werden. Finden mehrere Interviews mit einem Kandidaten statt, sind die Inhalte der einzelnen Interviews im Vorhinein aufeinander abzustimmen.

Gerade bei mehrstufigen Interviewprozessen mit mehreren Beteiligten laufen die Interviews häufig unkoordiniert ab. Damit besteht die Gefahr, dass einzelne Eignungsmerkmale mehrfach, andere ungenügend erfasst werden. Dadurch ist die Vergleichbarkeit bei mehreren Kandidaten gefährdet. Die Festlegungen der DIN 33430 sichern einen standardisierten, additiv-absichernden Interviewprozess.

Bei der Vorbereitung sind die Inhalte des Interviews im Hinblick auf die in Frage stehenden Positionen anforderungsbezogen zu gestalten. Des Weiteren ist dafür Sorge zu tragen, dass das Interview hinsichtlich der gestellten Fragen strukturiert und/oder (teil-)standardisiert vorgenommen wird. Strukturierung bedeutet in diesem Fall eine festgelegte Abfolge verschiedener Abschnitte bzw. Fragenbereiche des Interviews. Dazu muss zumindest ein Interviewleitfaden vorliegen.

Für Interviews gilt wie für alle eignungsdiagnostischen Verfahren die normative Forderung des Anforderungsbezugs. Die Notwendigkeit, nur solche Personenmerkmale zu erfassen, die für die Anforderungen der jeweiligen Zielposition relevant sind, kann nicht oft genug betont werden. Während es bei messtheoretisch fundierten Verfahren darum geht, dass nicht ein für die Position Y bewährtes Verfahren ohne weitere Prüfung für eine andere Position mit deutlich unterschiedlichen Anforderungen herangezogen wird, geht es bei Interviews darum, dass es „die generell geeigneten Interviewfragen" nicht gibt. Hier wird der häufig zu beobachtenden Praxis, dass Interviewer für alle Positionen unreflektiert „IHRE Lieblingsfragen" stellen, eine klare Absage erteilt.

Eine Strukturierung und (Teil-)Standardisierung mittels eines Interviewleitfadens ist ein absolutes Muss. Methodische Sauberkeit und Standardisierung ist extrem wichtig, damit ist aber nicht eine fixe Abfolge von allgemeinen, immer gleichen Standardfragen gemeint. Dies wäre auch nicht sinnvoll. Fragebogenmäßig vorgetragene Standardfragen führen auf Dauer nur zu sich immer mehr angleichenden Standardantworten. Die Standardisierung sollte also idealerweise auf einer höheren Ebene erfolgen – durch eine standardisierte Fragetechnik und eine einheitliche Gesprächsstruktur.

PRAXISBEISPIEL

Die Gesamtstruktur des Interviews

Das Interview ist sinnvollerweise in unterschiedliche Gesprächsphasen mit unterschiedlichen Zielen unterteilt.

- Warming-up → Schaffen einer angenehmen Gesprächsatmosphäre
- Informationssammlung/Phase I:
  Initialfragen bspw. zu beruflichen Meilensteinen, Veränderungsmotivation etc.
  Technik: Nondirektiv-verstärkende Interviewtechnik, fokussiertes Nachfassen
  Gegenstand: Selbstkonzept des Bewerbers; Interessen, Werthaltungen, Motive und Einstellungen; Passung zu den Anforderungen der Zielposition
- Klären offener Fragen aus dem CV
  Technik: Nondirektiv-verstärkende Interviewtechnik, fokussiertes Nachfassen
  Gegenstand: Lücken im CV, Kernkompetenzen

- Informationssammlung/Phase II:
  Gezieltes Sammeln von Information zur Bewertung des Erfüllungsgrads bisher noch nicht angesprochener Kernkompetenzen
  Technik: bevorzugt mittels biografiebezogener Fragen
  Gegenstand: Kernkompetenzen
- Prägnante, verstärkende Information zu den wichtigsten tätigkeitsrelevanten Aspekten der Zielposition und zum Zielunternehmen (Interaktions- und Führungsstil, Organisationsklima)
  Technik: Vermitteln eines realistischen Bildes der zu besetzenden Position
  Ziel: Eröffnen der Möglichkeit des Bewerbers zur Selbstreflexion: „Passen meine Stärken und Vorstellungen zur angestrebten Zielposition?"
- Optional: Situative Fragen zu besonders erfolgskritischen Situationen (kurze Situationsschilderung; „Wie verhalten Sie sich?" ...); evtl. auch Fragen zum Fachwissen
  Gegenstand: Kernkompetenzen
  Ziel: Vermitteln eines realistischen Bildes der zu besetzenden Position, Erzeugen eines Commitments über die Bewältigung erfolgskritischer Anforderungen
- Gesprächsabschluss mit der Möglichkeit für den Kandidaten, noch offene Fragen abzuklären, Information über das weitere Vorgehen
  Ziel: Bindung geeigneter Kandidaten; positiver letzter Eindruck für alle Bewerber (Personalmarketing)

Es empfiehlt sich, einen einheitlichen Interviewleitfaden zu verwenden, der die Abfolge der Gesprächsphasen (Gesprächsstruktur) sowie bewährte Fragen bzw. abzudeckende Inhalte innerhalb der einzelnen Gesprächsphasen fixiert. Der Interviewleitfaden sollte auch als Dokumentationshilfe genutzt werden.

Aufforderungen, gegebene Antworten weiter zu erläutern, sollten in standardisierter Form erfolgen.

Hier empfehlen sich Konkretisierungsfragen. Konkretisierungsfragen bewähren sich auch dann, wenn die Aussagen des Gesprächspartners zu abstrakt oder auch durch die Verwendung von Eigenschaftsbegriffen vieldeutig sind. Bsp.

Kandidat: „Ich pflege einen sehr kooperativen Führungsstil. Das ist mir wichtig." „Worauf kommt es Ihnen da besonders an? Schildern Sie mir doch bitte eine Situation, in der dieser kooperative Führungsstil besonders wichtig war."

> Freie, also nicht standardisierte Gesprächsteile sind z. B. solche, in denen Fragen zu Spezifika des jeweiligen Lebenslaufs und zum konkreten beruflichen Hintergrund eines Kandidaten gestellt werden.
>
> Geeignete Fragen im Eignungsinterview sind – neben beruflichen Wissensfragen und Fragen zu beruflichen Erfahrungen, die für die entsprechende Position Bedeutung haben – vor allem biografiebezogene und situative Fragen. Mit biografiebezogenen Fragen wird ermittelt, was ein Kandidat in erfolgskritischen Situationen in der Vergangenheit getan hat, mit situativen Fragen, was ein Kandidat in möglichen erfolgskritischen Situationen tun würde.

Fragen werden dann als biografiebezogen bezeichnet, wenn sie vergangene Erlebnisse, Ereignisse oder Verhaltensweisen, aber auch die subjektive Verarbeitung dieser Vorfälle zum Gegenstand haben. Sie basieren auf dem Prinzip, vergangenes Verhalten als Prädiktor für zukünftiges Verhalten zu betrachten.

Die Güte biografischer Fragen ist umso höher, je sorgfältiger folgende Grundsätze berücksichtigt werden:

- Vor allem verhaltens- und ergebnisbezogene Fragen stellen
- Vor allem quantifizierbare, objektive Information sammeln
- Bevorzugt offene Fragen stellen und den Gesprächsfluss mittels Verstärkungstechniken in Fluss halten (nondirektiv-verstärkende Interviewtechnik)
- Bei Unklarheiten oder einem zu abstrakten Erklärungsniveau Konkretisierungsfragen stellen, Beispiele erfragen
- Bevorzugt Verhaltensweisen und Leistungen aus der jüngeren Vergangenheit erfragen
- Eingetretene Ereignisse (im Gegensatz zu Vorhaben und Plänen) erfragen
- Tatsächliches Verhalten schildern lassen
- Immer den Anforderungsbezug der erfragten Verhaltensweisen sicherstellen

Empfehlenswert ist es, das biografische Prinzip des Fragen-Stellens mit Konkretisierungsfragen zu verbinden. Auf eine offene Initialfrage folgen einengende, konkretisierende Fragen. „Zu welchem Ergebnis hat Ihre Maßnahme geführt? Worauf sind Sie stolz? Mit welchen Aspekten waren Sie nicht zufrieden? „Was würden Sie heute anders machen?" Biografiebezogene Fragen und insbesondere die nachfassenden Konkretisierungsfragen wirken Beschönigungstendenzen entgegen.

Ziel situativer Fragen ist zu eruieren, auf welche Art und Weise ein Bewerber auf eine vorgestellte Situation reagieren würde. Spezifisches Verhalten soll durch eine mentale Tätigkeitssimulation erfasst werden – analog den konkret beobachtbaren Verhaltensweisen in der Arbeitsprobe. Im Gegensatz zu den vergangenheitsbezogenen biografischen Fragen zielen die situativen Fragen auf (fiktives) zukünftiges Verhalten ab. Deshalb ist davon auszugehen, dass durch situative Fragen nicht ‚typisches' Verhalten, sondern schwerpunktmäßig ‚maximales' Verhalten erfasst wird (welches Verhalten hält der Teilnehmer für in der geschilderten Situation besonders wünschenswert? – unabhängig davon, ob er dieses Verhalten wirklich zuverlässig zeigen würde). Durch den fiktionalen Anteil, den jede situative Frage enthält, („Was würden Sie tun?" vs. „Was haben Sie konkret getan?") sind situative Fragen für Beschönigungstendenzen besonders anfällig und deshalb als breit eingesetztes diagnostisches Mittel wenig sinnvoll. Diese Fragenart eignet sich jedoch, wenn es darum geht:

– wichtiges, besonders erfolgskritisches Fach- bzw. Handlungswissen zu erfragen („Wie reagieren Sie in dieser kritischen Situation?") sowie
– das Commitment des Bewerbers über die Bewältigung besonders erfolgskritischer Anforderungen einzuholen.

Im Eignungsinterview können auch Interviewanteile integriert werden, die eine konkrete Leistung verlangen, z. B. die Präsentation kurzer Fallstudien und Rollenspiele.

Siehe hierzu die Ausführungen in Kapitel 3.2.4 Arbeitsproben und situative Verfahren.

Bestandteil des Eignungsinterviews sollte auch eine realistische Schilderung der angestrebten Tätigkeit sein – sofern diese Information nicht an anderer Stelle bereits gegeben wurde –, damit ein Kandidat eine Entscheidung im Hinblick auf ein etwaiges Stellenangebot auf der Basis angemessener Informationen treffen kann. Diese Informationen sowie mögliche Fragen von Kandidaten dazu sollten im Sinne der geforderten Standardisierung wenn möglich in einem separaten Gesprächsabschnitt gebündelt werden.

Siehe hierzu das Beispiel zur Gesprächsstruktur weiter oben. Bei der standardisierten Gesprächsstruktur ist die richtige Abfolge der einzelnen Gesprächsphasen für die Gewinnung einer möglichst verzerrungsfreien Information entscheidend. So sollten die spezifischen Erwartungen im Rahmen einer realistischen Schilderung der angestrebten Tätigkeit nicht vor der Informationssammlung zum Einschätzen der jeweiligen Ausprägung der wichtigsten Eignungsmerkmale/Kernkompetenzen detailliert werden.

Bei der Vorbereitung und Durchführung eines Interviews sind die aktuell gültigen gesetzlichen Regelungen und die aktuell gültige Rechtsprechung bezüglich der zulässigen Fragen bzw. Fragenbereiche zu beachten. Bei der Durchführung sind ebenso ethische Aspekte zu beachten (z. B. Konsistenz im Verhalten gegenüber verschiedenen Kandidaten, respektvoller Umgang usw.). Bei mündlichen Befragungen sollte für Störungsfreiheit gesorgt werden.

Dies bedarf keines weiteren Kommentars.

Sofern eine dritte Person zum Kandidaten befragt wird (Fremdbericht/Referenzen) sind zusätzlich zu beachten: Das Gespräch mit einem Referenzgeber ist anforderungsbezogen zu gestalten und muss sich auf das frühere Arbeitsverhältnis beziehen. Das Einverständnis des Kandidaten hierzu muss eingeholt werden, sofern es nicht bereits vorliegt. Wenn der Kandidat das Gespräch mit einem Referenzgeber untersagt, darf kein Kontakt zu diesem Referenzgeber hergestellt werden. Es ist festzulegen, auf welche Weise Informationen verwendet werden können, wenn einzelne Kandidaten das Einholen mündlicher Referenzen untersagen, während andere Kandidaten damit einverstanden sind.

Die Norm regelt auch das Vorgehen beim Einholen von Referenzen und betont die Wichtigkeit, das Einverständnis des Kandidaten hierzu einzuholen. Hier ging es dem Arbeitsausschuss um Fairness und einen Umgang mit Bewerbern „auf Augenhöhe". Ein weiteres Prinzip ist ein möglichst gleiches Vorgehen bei allen Kandidaten, um eine optimale Vergleichbarkeit zu gewährleisten.

4 Eignungsdiagnostik als Kernfunktion von Personalmanagement

> **ZUSAMMENFASSUNG**
>
> **Der Weg zu möglichst validen Interviews**
> 1) Das Interview muss anforderungsbezogen gestaltet sein.
> 2) Die Operationalisierung der zu bewertenden Eignungsmerkmale sollte durch Verhaltensanker erfolgen.
> 3) Interviews in strukturierter bzw. (teil-)standardisierter Form sind grundsätzlich unstrukturierten Interviews vorzuziehen.
> 4) Es wird die Verwendung von bewährten Fragetechniken mit Schwerpunkt auf offene themenbezogene Fragen mit Verstärkungstechnik und konkretisierendem Nachfassen sowie biografiebezogenen Fragen empfohlen.
> 5) Pro Eignungsmerkmal sollten mehrere Fragen gestellt werden. Idealerweise führen zwei Interviewer das Gespräch (additiv-absichernde Eignungsdiagnostik).
> 6) Die Informationssammlung muss von der Beurteilung getrennt sein.
> 7) Eine Strukturierungshilfe für die Beurteilung und die Dokumentation hilft, ein valides Interview zu führen.
> 8) Die Vorbereitung der Interviewer durch ein verfahrensbezogenes Training ist unbedingt zu empfehlen.
>
> Grundsätzliche gilt: Interviews haben Grenzen. Die Kombination insbesondere mit Leistungstests und anderen messtheoretisch fundierten Verfahren macht immer Sinn!

4.2.4 Arbeitsproben und situative Verfahren

Für Arbeitsproben und situative Verfahren gelten die bereits im Kommentar-Kapitel 4.2.3 „Interviews" dargelegten Anforderungen an die Qualifikation und Unvoreingenommenheit der durchführenden Personen, die Sicherstellung der Gleichbehandlung aller Kandidaten, das regelgeleitete Ableiten der Beurteilungen aus den Beobachtungen, das Prinzip einer additiv-absichernden Eignungsdiagnostik sowie die Operationalisierung der Eignungsmerkmale anhand konkret beobachtbarer Verhaltensweisen analog.

Die Forderung der DIN 33430 aus dem Kapitel 5.3.2.2

> Zu jedem Eignungsmerkmal sollte [...] in Verfahren zur Verhaltensbeobachtung mehr als eine Übung (z. B. Rollenspiel, Gruppendiskussion, Präsentation, Fallstudien, Arbeitsproben) vorgesehen werden.

bezieht sich ebenfalls auf das Prinzip einer additiv-absichernden Eignungsdiagnostik.

Grundsätzlich ist diese Absicherung aus Sicht der Kommentatoren auch dann erfüllt, wenn die unterschiedlichen Informationen zu einem Eignungsmerkmal nicht aus einer Verfahrenskategorie, sondern aus unterschiedlichen Verfahrenskategorien stammen. So können sich Ergebnisse aus messtheoretisch fundierten Verfahren mit Interviews und Verhaltensbeobachtungen sinnvoll ergänzen.

An dieser Stelle ist es den Kommentatoren wichtig, kritisch zu reflektieren, dass die Forschungsergebnisse der letzten 30 Jahren darauf hinweisen, dass die Beurteilung von Kandidaten in situativen Verfahren wesentlich stärker Übungs- als Eignungsmerkmal-abhängig ist. Sackett und Dreher wiesen bereits 1982 darauf hin, dass die Korrelation der Beurteilungen des gleichen Eignungsmerkmals in verschiedenen Übungen wesentlich geringer ausfällt als die Korrelation der in einer Übung erfassten unterschiedlichen Eignungsmerkmale untereinander. Diese Forschungsergebnisse sind zuverlässig replizierbar und entsprechen auch unseren langjährigen Praxis-Erfahrungen. Oft gelingt es Beobachtern nicht, in ausreichendem Maße zwischen verschiedenen Beobachtungsdimensionen (Eignungsmerkmalen) in einer Übung zu differenzieren. Sie geben eher ein Urteil darüber ab, wie gut der jeweilige Kandidat in einer spezifischen Übung abgeschnitten hat. An diesem empirischen Befund haben auch didaktisch hochwertige, dimensionsbezogene Beobachtertrainings nichts ändern können.

Nimmt man die eindeutigen Forschungsergebnisse und Praxiserfahrungen wirklich ernst, dann empfiehlt es sich, Alternativen zu dem dimensionsbezogenen Ansatz in Betracht zu ziehen. Nicht zuletzt deshalb ist die obige Empfehlung der DIN 33430 nur als Empfehlung formuliert.

Eine praktische und sinnvolle Alternative besteht darin, auf verschiedene Beurteilungsdimensionen innerhalb einer Übung zu verzichten und stattdessen Übungen so zu konzipieren, dass jeweils ein erfolgskritisches Eignungsmerkmal für eine erfolgreiche Bewältigung einer Übung zentral ist. Dies lässt sich z. B. für „Verhandlungsgeschick"; „Beratungskompetenz"; „Überzeugungskraft"; „Analyse- und Entscheidungsfähigkeit" sowie „Lösungsorientiertes Agieren in Konflikten" problemlos realisieren.

Ein wunderbarer Nebeneffekt einer solchen Vorgehensweise liegt in dankbaren Beobachtern, die sich mit diesem Vorgehen wesentlich leichter tun. Sie können das tun, was sie „aus dem Bauch heraus" schon immer tun wollten und müssen nicht mühevoll und meist erfolglos ihrem natürlichen Beurteilungsverhalten entgegensteuern.

5.3.2.4 Anforderungen an Verfahren zur Verhaltensbeobachtung und Verhaltensbeurteilung

In der Eignungsdiagnostik können Übungen (z. B. Rollenspiel, Gruppendiskussion, Präsentation, Fallstudien, Arbeitsproben) eingesetzt werden, um gezielt Verhalten hervorzurufen, welches dann beurteilt wird.

Ebenso wie beim Interview geht es bei situativen Verfahren sowohl um das Generieren von beobachtbaren Verhaltensweisen als auch um eine aus den Beobachtungen systematisch abgeleitete Beurteilung.

Das von den Kandidaten gezeigte Verhalten wird zum einen durch ihre Eignungsmerkmale und zum anderen durch Merkmale der Situation bestimmt (z. B. die Situation des Rollenspiels, der Gruppendiskussion, der Arbeitsprobe usw.). Die Situation kann z. B. durch Störungen unsystematisch variieren. Dies kann die Beobachtung derjenigen Verhaltensweisen überschatten, die auf die interessierenden Eignungsmerkmale zurückgehen. Daher sind die Übungen, mit denen das Verhalten hervorgerufen werden soll, sorgfältig und wenig störungsanfällig zu konstruieren. Die Übungen sollten nicht zu leicht oder zu schwer sein, sie müssen es ermöglichen, das Verhalten, welches beobachtet werden soll, zu zeigen.

BEISPIEL Die Konfliktfähigkeit einer Person kann nicht beobachtet und beurteilt werden, wenn die Übung keinen Konflikt hervorruft.

Hier wird darauf hingewiesen, dass situative Verfahren sorgfältig konstruiert werden müssen. Eine sorgfältige Konstruktion schließt neben einem strikten Anforderungsbezug (durch für die jeweilige Zielposition maßgeschneiderte Übungen) auch einen möglichst realitätsnahen Pilotlauf (trainierte Beobachter, mit der Zielgruppe vergleichbare Teilnehmerstichprobe in einer vergleichbaren Bewerbungssituation) mit ein. Hierdurch wird deutlich, dass für valide situative Verfahren ein enormer Aufwand betrieben werden muss. Sobald bei der Konstruktion an Aufwand gespart wird, nimmt die Aussagekraft von situativen Verfahren erheblich ab.

PRAXISBEISPIEL

Negativbeispiel einer wenig aussagekräftigen situativen Übung

In einem Handelsunternehmen hatten junge, engagierte Mitarbeiter des PE-Bereichs für die Aufnahme-Entscheidung von internen Kandidaten in einen Nachwuchsführungskräfte-Entwicklungspool u. a. eine Übung konzipiert, bei der es um ein Kritikgespräch mit einem Mitarbeiter ging, dessen Leistung in den letzten Wochen spürbar abgenommen hat. Die ersten 4 Teilnehmergruppen „scheiterten" fast ausnahmslos an der Übung – ihre „Personenorientierung" und „Konfliktlösefähigkeit" wurden als „deutlich unter den Anforderungen" beurteilt. Ab der 5. Teilnehmergruppe wurde für über 80 % der Teilnehmer für beide Eignungsmerkmale konstatiert: „erfüllt die Anforderungen voll" oder sogar „erfüllt die Anforderungen weit überdurchschnittlich" mit noch steigender Tendenz. An dieser Stelle wurde einer der Kommentatoren als Berater hinzugezogen. Was war passiert? Wie leider immer noch häufig in der Praxis anzutreffen, gab es für die Kandidaten keine Transparenz in Bezug auf die zu beurteilenden Eignungsmerkmale bzw. Erwartungen der Beobachter. Die Teilnehmer orientierten sich in der Übung an dem Führungsverhalten ihrer Vorgesetzten – sie versuchten, möglichst „taff" und durchsetzungsstark zu wirken. Die Beobachter, allesamt Mitarbeiter der PE-Abteilung, erwarteten jedoch, dass die Sicht der Mitarbeiter zu den Vorwürfen durch aktives Zuhören erfragt wird, die Hintergründe für den aktuellen Leistungsabfall eruiert werden, bevor gemeinsam mit dem Mitarbeiter Lösungsalternativen erarbeitet werden. Sobald sich diese Erwartung der Beobachter im Unternehmen herumgesprochen hatte, „lösten" alle Teilnehmer die Aufgabe, die Übung differenzierte nicht mehr.

Das Herstellen von Transparenz über die Beobachtungsdimensionen und die Erwartungen der Beobachter bzgl. eines erfolgreichen Agierens in der Übung sowie eine gleichzeitige Erhöhung des Schwierigkeitsgrades führten zu einer nachhaltigen Differenzierungsfähigkeit der Übung.

ANMERKUNG ZU DEN PRAXISBEISPIELEN

Die Autoren haben sich bemüht, möglichst positive Praxisbeispiele auszuwählen. An mancher Stelle wurden aber auch zur Verdeutlichung eines oft anzutreffenden Mangels Negativbeispiele vorgestellt. In jedem der Fälle wurden Kontexte wie Branche, Zielgruppe oder Fragestellung so verfremdet, dass ein Zurückführen auf ein konkretes Unternehmen nicht möglich sein sollte.

Dieses Beispiel illustriert auch ein zunehmendes Problem in der betrieblichen Praxis. In den letzten Jahrzehnten erfreuen sich situative Verfahren einer immer größeren Beliebtheit. Gleichzeitig nimmt die Güte dieser Verfahrenskategorie kontinuierlich ab. Eine entscheidende Ursache für diesen Qualitätsverlust dürfte darin begründet sein, dass situative Verfahren in der Praxis immer seltener von eignungsdiagnostischen Experten konzipiert werden und auch der Aufwand für das Training der Beobachter sukzessive reduziert bis völlig vernachlässigt wird. Die DIN 33430 appelliert an dieser Stelle dazu, situative Verfahren wieder sorgfältig unter Einbezug der entsprechenden diagnostischen Expertise zu konzipieren und den notwendigen Trainingsaufwand für Beobachter und Rollenspieler als notwendige Investition zu betrachten. Für die Konzeptionsphase ist ein Zusammenwirken von internen Experten für die Zielposition mit internen oder externen Experten für das eignungsdiagnostische Vorgehen besonders empfehlenswert.

Der erhebliche Konstruktions- und Trainingsaufwand kann sich vor allen Dingen auch aufgrund „erwünschter Nebenwirkungen" dieser Verfahrenskategorie für ein Unternehmen rechnen. So berichten als Beobachter eingesetzte Führungskräfte regelmäßig, dass sie von den Beobachtertrainings und der Teilnahme an den situativen Übungen, Beobachterkonferenzen und Feedbackrunden erheblich für ihre Führungsfunktion profitieren – geht es doch beim Führen von Mitarbeitern auch um das Beobachten und Interpretieren von Leistungsverhalten sowie um Leistungsfeedback.

> Instruktionen für die Kandidaten sowie ggf. zur Verfügung gestellte Materialien müssen so gestaltet werden, dass die Ziele der Übung deutlich werden. Alle Übungen müssen vor dem Ernstfalleinsatz praktisch erprobt werden. Sofern Rollenspieler eingesetzt werden, müssen sie ausführliche Anweisungen erhalten, damit sie die Rollenspielsituation sowohl über verschiedene Kandidaten hinweg vergleichbar gestalten als auch durch individuelle Reaktionen möglichst natürlich wirken. Rollenspieler müssen geschult werden und das Rollenspiel vorab praktisch üben.

Bei diesen normativen Forderungen der DIN 33430 geht es einerseits um die Chancengleichheit zwischen den Kandidaten. Gleichzeitig tragen sie erheblich zur Erhöhung der Validität bei. Deshalb sind sie in vollem Bewusstsein des damit verbundenen Aufwandes als „Muss-Kriterien" definiert. Hinter diesen Forderungen steckt die einhellige Überzeugung des Arbeitsausschusses, dass situative Verfahren, bei denen diese Forderungen nicht konsequent umgesetzt werden, für Personalentscheidungen wertlos sind. Ungeachtet dieser Tatsache muss derzeit konstatiert werden, dass die meisten in der Praxis eingesetzten situativen Verfahren nicht DIN-konform entwickelt und eingesetzt werden.

Im Rahmen der Eignungsdiagnostik durchgeführte Verhaltensbeobachtungen müssen sich von „natürlichen" Verhaltensbeobachtungen u. a. dadurch unterscheiden, dass die Verhaltensdaten nach einem vorab festgelegten, definierten Regelsystem erfasst und beurteilt werden. Dieses so genannte Beobachtungssystem legt u. a. fest, wann und wo die Beobachtung erfolgt, welche Verhaltensweisen beobachtet werden und in welcher Form die Ergebnisse der Beobachtung dokumentiert werden.

Siehe hierzu auch die analogen Forderungen für Interviews, die im Kommentar-Kapitel 4.2.3 „Interviews" kommentiert sind.

Es ist vorab eindeutig zu regeln, welche Eignungsmerkmale in welcher Übung durch welche Beobachter/Beurteiler jeweils erfasst werden. Beobachter/Beurteiler dürfen damit nicht überfordert werden, weshalb die Anzahl der in einem bestimmten Zeitraum gleichzeitig zu beurteilenden Eignungsmerkmale so zu wählen ist, dass eine trennscharfe Beurteilung möglich ist.

Diese normativen Forderungen dienen wieder einer hohen Standardisierung. Nimmt man die zweite „Muss-Anforderung", die entsprechenden wissenschaftlichen Befunde und die Praxiserfahrung ernst, dürfte es pro Übung lediglich ein zentrales Eignungsmerkmal oder ggf. zwei sehr stark differierende Eignungsmerkmale geben – siehe Kommentar auf Seite 104.

Die Kandidaten sind zu Beginn des Verfahrens darüber zu informieren, welche Übungen wann und wo stattfinden; sie sind über etwaige Pausen- und Wartezeiten aufzuklären.

Dieser organisatorische Hinweis bedarf keines weiteren Kommentars.

4 Eignungsdiagnostik als Kernfunktion von Personalmanagement

> **ZUSAMMENFASSUNG**
>
> **Anforderungen an Arbeitsproben und situative Verfahren**
>
> 1) Die eingesetzten Übungen bzw. Arbeitsproben müssen anforderungsbezogen gestaltet sein (Abbilden leistungs- bzw. erfolgsrelevanter Eignungsmerkmale).
>
> 2) Eine Voraussetzung für sinnvolle Arbeitsproben und situative Verfahren sind die verhaltensverankerten Operationalisierungen aller zu bewertenden Eignungsmerkmale.
>
> 3) Es muss klar festgelegt sein, welche Eignungsmerkmale in welcher Übung durch welche Beobachter beobachtet werden.
>
> 4) Die DIN 33430 empfiehlt, jedes Eignungsmerkmal aus mehreren Perspektiven/Übungen zu betrachten. Die Empfehlung der Kommentatoren ist, diese unterschiedlichen Betrachtungsperspektiven insbesondere durch die Vielfalt der Methoden sicherzustellen.
>
> 5) Ein möglichst realitätsnaher Pilotdurchlauf vor dem ersten Einsatz (mit möglichst realitätsnahen Teilnehmern) ist bei dieser Verfahrenskategorie notwendig.
>
> 6) Die Beobachter müssen klare Anweisungen nach einem definierten Regelsystem (was ist wann zu beobachten/beurteilen und wie zu dokumentieren) erhalten.
>
> 7) Die Rollenspieler müssen klare Anweisungen erhalten und vor ihrem realen Einsatz unbedingt ihre Rollen stabil einüben können.
>
> 8) Schulungen und entsprechendes Training von Beobachtern und Rollenspielern sind notwendig für einen sinnvollen Einsatz.

4.2.5 Persönlichkeitsfragebogen

Für Persönlichkeitsfragebogen gelten die gleichen Anforderungen wie für Leistungstests und andere messtheoretisch fundierte Verfahren. Der entsprechende Normtext wurde deshalb bereits in Kommentar-Kapitel 4.2.2 „Leistungstests und andere messtheoretisch fundierte Verfahren" kommentiert.

Wird der Einsatz von Persönlichkeitsfragebogen bei Personalentscheidungen erwogen, ist zusätzlich zu beachten, dass solche Fragebogen auf Selbstauskünfte der Bewerber basieren. Aufgrund dieser konstruktiven Besonderheiten ist ihr Einsatz nicht in allen typischen Einsatzgebieten für messtheoretisch fundierte Verfahren sinnvoll.

> **NEGATIVBEISPIEL**
>
> **Fraglicher Einsatz eines Persönlichkeitsfragebogens in der Personalauswahl**
>
> In einer Kommunalverwaltung wird ein Persönlichkeitsfragebogen als alleiniges messtheoretisch fundiertes Verfahren eingesetzt, um die vorhandene Anzahl von Bewerbern für einen Laufbahnwechsel zu halbieren. Mit den verbleibenden Kandidaten wird ergänzend noch ein Interview geführt. Für die ausgeschlossenen Kandidaten ist die Tür zu einem Laufbahnwechsel und für die entsprechende Aufstiegsperspektive dauerhaft geschlossen.
>
> Eine Mitarbeiterin des Personalreferats macht sich Gedanken, ob das wohl die geeignete und zudem eine rechtssichere Vorgehensweise sein kann.

Einige Unterschiede zwischen verschiedenen Einsatzsituationen werden im Folgenden kurz beschrieben.

Beim Einsatz von Persönlichkeitsfragebogen in der Personalauswahl muss – anders als z. B. beim Einsatz im Rahmen einer individuellen Standortbestimmung innerhalb eines Coachings – mit einer Tendenz gerechnet werden, Antworten nicht spontan und offen, sondern interessengeleitet zu geben. Dieses Antwortverhalten führt zu einer Verzerrung des Messergebnisses. Da aber nicht davon ausgegangen werden kann, dass diese Verzerrung für alle Menschen gleich ist, sondern sie im Gegenteil individuell unterschiedlich sein wird, führt dies auch zu einer mangelnden Vergleichbarkeit der Ergebnisse.

Selbst wenn ein Kandidat ehrlich und völlig offen antwortet, wird eine Selbstauskunft immer auch durch die eigenen blinden Flecke begrenzt. Wer sich selbst für einen guten Zuhörer hält, muss noch lange nicht als solcher erlebt werden.

Persönlichkeitsfragebogen sind aus Gründen der notwendigen Offenheit grundsätzlich eher in beratenden Situationen einsetzbar als in Auswahlsituationen. Aber auch in der Berufsberatung oder im Coaching sollten sie wegen der blinden Flecke durch andere Verfahren ergänzt werden, die ein objektiveres Erfassen von Personenmerkmalen erlauben (Interviews mit der Möglichkeit, in die Tiefe gehend nachzufassen; objektive Persönlichkeitstests, messtheoretisch fundierte Leistungstests).

Die Autoren von Selbstauskunftsfragebogen verwenden häufig sogenannte „Lügenskalen", um dem Nachteil sozial erwünschter Antworten zu begegnen. Auch für solche Lügenskalen gilt die Gefahr der Verzerrung durch die individuell unterschiedliche Tendenz, sich ins beste Licht zu stellen, weil Lügenskalen nur generell, also für alle Teilnehmer gleich wirken. Für hochkompetente und besonders selbstbewusste Teilnehmer besteht ein hohes Risiko, mittels einer solchen Art von Lügenskala fälschlicherweise als potenzielle „Lügner" gebrandmarkt zu werden.

In jedem Fall sollten neben Selbstauskünften auch immer objektive Leistungstests verwendet werden. Dann kann bspw. die Selbstauskunft über verbale Fertigkeiten und abstrakte Problemlösefähigkeit mit den Ergebnissen der entsprechenden Leistungstests verglichen werden. Bei einer systematischen Über- oder Unterschätzung bietet es sich dann an, einen „Korrekturfaktor" zu schätzen, der auch für alle anderen Selbstauskünfte herangezogen werden kann. Dieses Vorgehen ist aber aus Sicht der Kommentatoren ebenfalls kritisch zu hinterfragen, weil dabei die Möglichkeit in Betracht zu ziehen ist, dass Kandidaten bei unterschiedlichen Eignungsmerkmalen eine unterschiedliche Tendenz zu sozial erwünschten Antworten haben können.

Gibt ein Dienstleister an, dass in einem Persönlichkeitsfragebogen differenziertere Methoden für ein Erkennen einer überdurchschnittlichen Tendenz zu sozial erwünschten Antworten oder auch für eine bewusste Manipulation eingesetzt werden, sollte der Auftraggeber sich diese Mechanismen detailliert erläutern oder belegen lassen. Auch für diesen „Test im Test" gelten die Anforderungen an messtheoretisch fundierte Verfahren bzgl. der Erfüllung der Gütekriterien und einer nachvollziehbaren Dokumentation.

> **ZUSAMMENFASSUNG**
>
> **Anforderungen an Persönlichkeitsfragebogen**
>
> Es gelten alle bereits in der Zusammenfassung unter Kommentar-Kapitel 4.2.2 „Leistungstests und andere messtheoretisch fundierte Verfahren" genannten Hinweise. Darüber hinaus ist speziell für den Einsatz von Persönlichkeitsfragebogen anzumerken:
>
> 1) Extreme Ausprägungen sollten unbedingt vertiefend hinterfragt werden, z. B. in nondirektiven Interviews.
>
> 2) Der Einsatz unterliegt Einschränkungen insbesondere im Einsatzgebiet Personalauswahl. Daher sollten aus Sicht der Kommentatoren in der Personalauswahl neben Selbstauskünften auch immer andere Quellen verwendet werden.

4.2.6 Stichworte: Assessment-Center, Management-Audit, Management-Appraisal

Kapitel 5.1 Kategorisierung von Verfahren, letzter Absatz:

> Assessment-Center/Development-Center, Management-Audits usw. bestehen aus einem Methoden-Mix. Hinsichtlich der Anforderungen ist jede „Übung" einzeln zu betrachten und einer Kategorie und deren Anforderungen zuzuordnen.

Assessment-Center (AC), Development-Center (DC) und sogenannte Management-Audits bzw. Management-Appraisals oder aber auch Führungskräfte-Audits, Vertriebs-Audits oder Innovations-Audits erfreuen sich in der Praxis einer zunehmenden Verbreitung und Beliebtheit. Dennoch hat die DIN 33430 keine eigenen Anforderungen an diese Vorgehensweisen formuliert. Dies nicht, weil ein Praxistrend übersehen worden wäre, sondern weil sich hinter diesen Begriffen in der Regel ein Methoden-Mix verbirgt, und zwar ein Methodenmix aus den in der Norm einzeln behandelten Verfahrenskategorien.

Assessment-Center und Development-Center sind ursprünglich als Methodenmix aus situativen Verfahren, Interviews, Leistungstests und anderen messtheoretisch fundierten Verfahren gedacht. Dabei unterscheiden sich Assessment-Center und Development-Center einerseits in ihrem Einsatzgebiet. AC werden üblicher Weise in der Personalauswahl und DC in der Personalentwicklung eingesetzt. Andererseits erfolgt in DCn, die nach einem Best Practice-Ansatz konzipiert und durchgeführt werden, das Leistungsfeedback teilweise schon während des DCs, so dass die Teilnehmer die Möglichkeit haben, ihren potenziellen Lernfortschritt bereits in weiteren Übungen mit den gleichen Anforderungs-Charakteristika umzusetzen. So kann neben den gezeigten Kompetenzen auch der jeweilige Lernfortschritt beobachtet werden. Neben einer positiven motivationalen Wirkung bei einer bereits im DC verwirklichten Kompetenzverbesserung hat dieses Vorgehen den Vorteil, dass das Lernpotenzial der Kandidaten bezüglich der anforderungsrelevanten Kompetenzen eingeschätzt werden kann. Allerdings bedürfen solche Development-Center einer besonders sorgfältigen Entwicklung und eines höheren Zeitaufwands in der Durchführung. Dem steht eine Tendenz in der Praxis gegenüber, den Aufwand für Assessment-Center und Development-Center möglichst zu reduzieren.

Dies wirkt sich negativ auf die Qualität aus. Schuler (2014) vergleicht Ergebnisse von Einzelstudien und Metaanalysen zur prognostischen Validität. Die berichteten Koeffizienten fielen über 50 Jahre hinweg zunehmend geringer aus und liegen jetzt unter dem durchschnittlichen Prognosewert von strukturierten Auswahlgesprächen. Schuler konstatiert: „Soweit erkennbar, ist das Assessment-Center das einzige eignungsdiagnostische Verfahren, das in den letzten Jahren an Qualität verloren hat. Gleichzeitig findet es zunehmende Verbreitung, und zwar sowohl was die Zahl der Unternehmen als auch die Art der Positionen betrifft" (S. 297). Als Erklärung für den auf den ersten Blick frappierenden Widerspruch, dass ein Verfahren an Qualität abgenommen und gleichzeitig verstärkten Zuspruch gefunden hat, sieht er: „Das Assessment Center hat sich zur Spielwiese der Laiendiagnostik entwickelt." (Schuler, 2014, S. 294).

Eine weitere Ursache dürfte darin liegen, dass sich AC immer mehr auf die Verfahrenskategorie „Situative Verfahren zur Verhaltensbeobachtung" beschränkt haben. Aus Sicht der Kommentatoren ist dringend zu empfehlen, diese Fehlentwicklung zu korrigieren und wieder zu dem Ursprungskonzept einer multimethodischen Herangehensweise zurückzukehren. Das legendäre Assessment-Center von AT&T, das der ersten großen Validierungsstudie aus den Jahren 1956–1966 mit einem berichteten Validitätskoeffizienten von $r = .46$ zugrunde lag, bestand aus einem solchen Methoden-Mix.

Auch Management-Audits bzw. Management-Appraisals (die Wortmarke hängt vom jeweiligen Dienstleister ab) sollten aus einem Methoden-Mix aus Leistungstests und anderen messtheoretisch fundierten Verfahren und einem kompetenzbasierten Interview bestehen, wobei das Interview in der Regel von zwei Interviewern durchgeführt wird. Teilweise bieten Dienstleister auch ein alleiniges Interview mit zwei branchenerfahrenen Interviewern unter dem Begriff „Management-Audit" an. In diesem Fall gelten schlicht die Anforderungen der DIN 33430 an Interviews.

Aus Sicht der Kommentatoren stellt ein für die jeweilige Zielposition anforderungsbezogener Methodenmix aus einem solide konstruierten kompetenzbasierten Interview mit zwei erfahrenen Interviewern (auch in der Kombination von internem und externem Interviewer), kognitiven Leistungstests und sogenannten objektiven Persönlichkeitstests (siehe hierzu auch Kommentar-Kapitel 4.2.2 „Leistungstests und andere messtheoretisch fundierte Verfahren") derzeit die Best Practice-Vorgehensweise dar. Dem erhöhten Aufwand für die passgenaue Konstruktion und Durchführung eines solchen Methoden-Mix steht ein erheblicher zusätzlicher Erkenntnisgewinn gegenüber, da sowohl wichtige Potenzial- und Kompetenzaspekte („Könnens-Aspekte") erfasst werden als auch die gerade für Management-Positionen zusätzlich besonders erfolgskritischen und leistungsrelevanten Werte und generellen Handlungsziele bzw. Motive, wie z. B. Anschluss-, Leistungs- und Machtmotive („Wollens-Aspekte").

Ein Erkenntnisgewinn, der umso bedeutender ist, je folgenschwerer eine Fehlbesetzung der Zielposition wäre.

Bei sogenannten Führungskräfte- und Vertriebs-Audits wird der Aufwand bisweilen dadurch reduziert, dass statt zwei Interviewern nur ein Interviewer das Interview durchführt und das Interview nicht ganz so zeitintensiv ausgelegt ist. Dies ist aus Sicht der Kommentatoren durch den sinnvollen Methoden-Mix bei einem erfahrenen Interviewer durchaus vertretbar.

4.3 Auswahl und Zusammenstellung von Verfahren

4 Auswahl und Zusammenstellung von Verfahren

Zunächst muss sich der Eignungsdiagnostiker einen angemessenen Überblick über diejenigen Verfahren verschaffen, die zur Erfassung der zusammengestellten Eignungsmerkmale in Betracht kommen.

Die Auswahl und Zusammenstellung von Verfahren sollte – soweit wie möglich – evidenzbasiert erfolgen. Das bedeutet beispielsweise, dass Erkenntnisse aus belastbaren empirischen Untersuchungen/Metaanalysen zur Vorhersage von Berufs- und Ausbildungserfolg und andere empirisch gut bestätigte und zur konkreten Anwendungssituation passende Evidenz bei der Auswahl und Zusammenstellung von Verfahren berücksichtigt werden.

Die DIN 33430 fordert an dieser Stelle, dass sich der Eignungsdiagnostiker nach der Anforderungsanalyse zunächst einen Überblick über zur Erfassung der anforderungsrelevanten Eignungsmerkmale verschafft (und nicht einfach ein ihm vertrautes Verfahren ohne weitere Prüfung auswählen kann). Zusätzlich erinnert die Norm daran, bei der Auswahl und Zusammenstellung von Verfahren die empirischen Erkenntnisse zu nutzen.

Die ausgewählten Verfahren müssen so gültig und zuverlässig sein, dass die angestrebte Entscheidung, zu der das Verfahren einen Beitrag leistet, mit einer angemessenen Entscheidungssicherheit getroffen werden kann.

An dieser Stelle ist zu bemerken, dass der Begriff Entscheidung in zwei Bedeutungen zu verstehen ist:
- zunächst geht es insgesamt um die Personalentscheidung, zu der die gesamte Eignungsfeststellung ihren Beitrag leisten soll. Diese Entscheidung trifft der Auftraggeber, wie das in der DIN 33430 in Kapitel 3.1 Auftragsklärung bereits ausgeführt ist.

– Es geht aber auch um die Vielzahl von Entscheidungen, die im Rahmen des Prozesses vom verantwortlichen Diagnostiker oder in entsprechenden Besprechungen gemeinsam mit anderen Entscheidungsträgern getroffen werden, wie z. B. die Entscheidungen darüber, wer nach einem Auswahlschritt weiter im Auswahlverfahren bleibt und am nächsten Schritt teilnimmt.

Die DIN 33430 stellt hier die normative Forderung, Verfahren so auszuwählen, dass sie einen angemessenen Beitrag zur Sicherheit der auf diesen Verfahren basierenden Entscheidungen leisten. Wegen der großen Bedeutung der Entscheidungen sollte aus der Sicht der DIN 33430 dieser Beitrag so groß sein, wie unter akzeptablem Aufwand möglich. Daher sollte bei der Auswahl der Verfahren immer eine vergleichende Aufwand-Nutzen-Erwägung stattfinden, bei der, unter der Voraussetzung einer hohen Qualität der zugrunde liegenden empirischen Untersuchungen, die Höhe der Zuverlässigkeits- und Gültigkeitskennziffern eine herausragende Rolle einnimmt. Diese Erwägung muss nicht formalisiert sein. Sie kann jedoch als nicht erfolgt betrachtet werden, wenn die oben genannten empirischen Befunde nicht berücksichtigt wurden.

Es dürfen nur Verfahren verwendet werden, die einen eindeutigen Anforderungsbezug aufweisen und zur Beantwortung der Fragestellung sowie für die Zielgruppe der Kandidaten geeignet sind.

Hier wird noch einmal daran erinnert, dass der Anforderungsbezug gegeben sein muss. Im selben Satz wird die Forderung aufgestellt, dass eingesetzte Verfahren auch für die Zielgruppe geeignet sein müssen. Die dafür ansetzbaren Kriterien beziehen sich insbesondere auf Schwierigkeitsgrade von Aufgabenstellungen.

Dies bedeutet auch, dass jeweils klar konzeptionell zu unterscheiden ist, ob die Anforderung darin besteht, dass der Kandidat bereits bei der Bewerbung/Vorstellung über bestimmtes Wissen, bestimmte Fertigkeiten und Kompetenzen verfügen muss oder ob er lediglich das Potenzial haben muss, sich entsprechendes Wissen, Fertigkeiten und Kompetenzen anzueignen. Daran muss sich auch die Verfahrensauswahl ausrichten.

Die Anforderung dieses Satzes ergänzt die Anforderungen der Sätze und des Absatzes darüber um eine wesentliche Dimension.

Die Differenzierung zwischen anforderungsrelevanten Kompetenzen und Potenzialen hat insbesondere Auswirkungen auf die Auswahl der jeweiligen Verfahrenskategorie. Interviews und Verfahren zur Verhaltensbeobachtung beziehen sich vorrangig auf von den Kandidaten selbst geschildertes oder in situativen Übungen gezeigtes Verhalten und damit auf Kompetenzen. Diese sind für geschulte Interviewer und Beobachter wesentlich valider zu erkennen als die Beurteilung von Potenzialen. Ob ein Kandidat seine Spezialistenfunktion erfolgreich ausüben und seine gelernten Fertigkeiten einsetzen kann, ist in der Beobachtung wesentlich besser zu beurteilen als die Frage, ob derselbe Kandidat das Potenzial hat, auch wesentlich anspruchsvollere Analysetechniken zu erlernen und komplexere Aufgabenstellungen zu bewältigen. Für die Beurteilung von Potenzialen eignen sich in erster Linie Leistungstests und andere messtheoretisch fundierte Verfahren.

Kompetenzen und Kompetenzmodelle erfreuen sich in Unternehmen in den letzten Jahren immer größerer Beliebtheit. In der wissenschaftlichen Literatur werden die unterschiedlichsten Definitionen verwendet. In der Norm wird eine eindeutige und klare Unterscheidung zwischen Kompetenz und Potenzial getroffen. Kompetenzen sind in der DIN 33430 nicht als ein Sammelsurium aus Motiven, Fähigkeiten, Fertigkeiten, Potenzialen und Verhaltensweisen beschrieben, sondern als „Gelernte, wiederholbare Verhaltensweisen und abrufbare Wissensbestände zur erfolgreichen Bewältigung beruflicher Aufgaben" definiert.

Die folgende Aussage ist daher nicht oft genug zu betonen:

> Es ist darauf zu achten, dass die jeweilig gewählte Methode zur Erfassung des in Frage stehenden Eignungsmerkmals geeignet ist.
>
> BEISPIEL Die intellektuelle Leistungsfähigkeit sollte mittels psychometrischer Intelligenztests erfasst werden. Das Interview ist für eine Erfassung abstrakt-analytischen Denkens wenig geeignet.
>
> Bei der Zusammenstellung mehrerer Verfahren muss jedes berücksichtigte Verfahren einen zusätzlichen Nutzen erwarten lassen. Bei der Verfahrensauswahl sollten verschiedenartige Verfahren (Abschnitt 5.1) Berücksichtigung finden (Multimethodalität).

Der zusätzliche Nutzen eines Verfahrens kann einerseits darin liegen, dass unterschiedliche Facetten der Eignung erfasst werden, sich Methoden also inhaltlich ergänzen oder darin, dass zwei aus unterschiedlicher Perspektive gewonnene Informationen sich gegenseitig bestätigen oder in Frage stellen.

Zum Beispiel können in Interviews von den Kandidaten genannte Verhaltensstile und Motive durch Potenziale und Fähigkeiten, die in Leistungstests auf die Probe gestellt wurden, sinnvoll ergänzt werden.
Die Selbstdarstellung im Interview zu bestimmten Verhaltensdimensionen wie z. B. dem hartnäckigen Verfolgen gesetzter Ziele und eigenen Reaktionstendenzen in Konflikten kann durch entsprechende messtheoretisch fundierte Verfahren überprüft und somit bestätigt oder in Frage gestellt werden. Typischerweise würde in einer solchen Kombination das messtheoretisch fundierte Verfahren vor dem Interview durchgeführt. Dies ist einerseits deshalb zu empfehlen, weil der Kandidat so vorab schon weiß, dass bestimmte Eignungsmerkmale bereits im Test erfasst wurden und er seine Selbstdarstellung im Interview entsprechend justieren kann. Außerdem besteht in dieser Reihenfolge die Gelegenheit, zusätzliche Informationen zu erfragen oder gemeinsamen das Testergebnis zu reflektieren.

Es dürfen nur Verfahren eingesetzt werden, für die Handhabungshinweise vorliegen. Sofern es sich um messtheoretisch fundierte Fragebogen und Tests handelt, müssen zusätzlich zu den Handhabungshinweisen auch Verfahrenshinweise vorliegen. Dabei müssen die Handhabungshinweise den in Anhang A formulierten Anforderungen entsprechen, die Verfahrenshinweise müssen den in Anhang B formulierten Anforderungen entsprechen.

Diese Anforderungen sind Muss-Vorgaben, ohne die kein Vorgehen nach DIN 33430 vorliegt.

Bei der Auswahl und Zusammenstellung der Verfahren ist es wichtig, auf ein für die jeweilige Aufgabenstellung/Zielstellung optimales Verhältnis von Alpha- und Beta-Fehler zu achten. In einem eignungsdiagnostischen Prozess, bei dem stufenförmig oder nach dem Trichterprinzip mit jedem Verfahrensschritt die Anzahl der weiter im Prozess verbleibenden Kandidaten reduziert wird, muss berücksichtigt werden, dass es keine Korrektur geben kann für diejenigen Fälle, in denen Kandidaten, die geeignet sind, zu früh aus dem Verfahren ausgeschlossen werden. Dagegen ist es im Prozess immer möglich, Kandidaten, die ungeeignet sind, wenn nicht im ersten, so doch im zweiten, dritten oder ganz zum Schluss zu identifizieren.

PRAXISBEISPIEL

Auswahl und Zusammenstellung von Verfahren für die Auswahl von Executive-Trainees

Einem Unternehmen liegen 300 Kandidaten für fünf vorstandsnahe Executive-Trainee-Positionen vor.

Die erste Sichtung wird von einer Praktikantin vorgenommen, die sich sehr ausführlich mit Zeugnissen und Lebensläufen beschäftigt, um eine Vorselektion auf maximal 50 zu treffen. Die Vorgaben: mindestens eine „1" vor dem Komma im akademischen Abschlusszeugnis. Nur Absolventen von wirtschaftswissenschaftlichen Studiengängen. Universitätsabschluss bevorzugt. Gerne Auslandserfahrung, zwei Fremdsprachen und branchennahe Praktika.

Die 50 ausgesuchten Kandidaten werden von Beratern in telefonischen Kurzinterviews weiter auf 20 Teilnehmer für Assessmentverfahren reduziert.

Im Assessment-Center kommt neben Selbstpräsentation, Business-Case mit Präsentation beim Vorstand, Gruppendiskussion und Gesprächssimulation mit einem Rollenspieler der Personalabteilung ein Leistungstest zum Einsatz. Die Entscheiderkonferenz entscheidet unter Würdigung aller Eindrücke in einer offenen Diskussion über die Kandidaten, die den Vorständen für deren Auswahlgespräche vorgestellt werden. Darunter sind auch einige von zehn Teilnehmern, die nicht alle im Anforderungsprofil festgelegten Mindestvoraussetzungen in den Skalen zur Messung des kognitiven Potenzials erreicht haben, aber in anderen Teilen des AC großen Eindruck gemacht hatten.

Für jede Position werden jeweils 2 Kandidaten dem zuständigen Vorstand vorgestellt.

Die Erfahrung von zwei Jahren zeigt, dass Kandidaten, die die Mindestvoraussetzungen in den Leistungstests nicht erreichen, bei ihrem Vorstand die Probezeit nicht überstehen.

Darüber hinaus gibt es Anzeichen, dass auch möglicherweise sehr gute Kandidaten durch die erste Sichtung der Lebensläufe bereits ausselektiert werden.

Daraufhin wird der Prozess wie folgt angepasst:

1) Onlinetest mit ähnlichen Aufgaben wie der Leistungstest im AC mit allen Bewerbern.

2) Die Bewerbungen der verbleibenden 100 Kandidaten werden von je einem Mitarbeiter der Personalabteilung und einem Mitarbeiter des Vorstandsbüros nach den Kriterien: Auslandserfahrung und Fremdsprachen sortiert.

3) Daran schließt sich ein Kurz-AC an, mit einem Interview zur Erfassung der Motivation und einem Business-Case mit Beobachtung der Bearbeitung sowie der Präsentation und Diskussion der Ergebnisse mit einem Rollenspieler zum Abgleich der Ergebnisse des Onlinetests und zur Eindrucksgewinnung über Leistungsverhalten, Analysefähigkeit, Präsentationserfahrung und Offenheit für Kritik sowie spontanem Lernverhalten.

4) Bearbeitung eines weiteren Business-Cases in zwei Gruppen à fünf Teilnehmern und Präsentation vor den fünf Vorständen als Beobachter, die sich dann ihre Trainees direkt im Anschluss danach aussuchen.

Die Vorstände führten persönliche Feedbackgespräche sowohl mit den Finalisten, die nicht eingestellt wurden, als auch mit „ihren" Trainees".

Die schlussendlich ausgesuchten Kandidaten bewährten sich nachhaltig.

Die „Candidate Experience" wurde von allen Teilnehmern besonders positiv bewertet.

Im Folgenden werden für unterschiedliche Einsatzgebiete sinnvolle alternative Vorgehensweisen aus der Praxis illustriert. Grundsätzlich ist zwischen einem stufenweisen Vorgehen nach dem sogenannten „Trichtermodell" der Eignungsdiagnostik oder nach einem additiv-absichernden Modell vorzugehen, bei dem alle Teilnehmer alle Verfahren durchlaufen. Je nach Ausgangssituation und Zielstellung (bspw. reine Personalauswahl oder Personalauswahl mit Ableiten von Personalentwicklungs- und Führungshinweisen), Verhältnis der Bewerberanzahl zu den zu besetzenden Stellen und den Folgekosten einer Fehlentscheidung ist eine dieser beiden Vorgehensweisen zu wählen sowie der Gesamtaufwand für den eignungsdiagnostischen Prozess sinnvoll abzustimmen.

EIGNUNGSDIAGNOSTIK

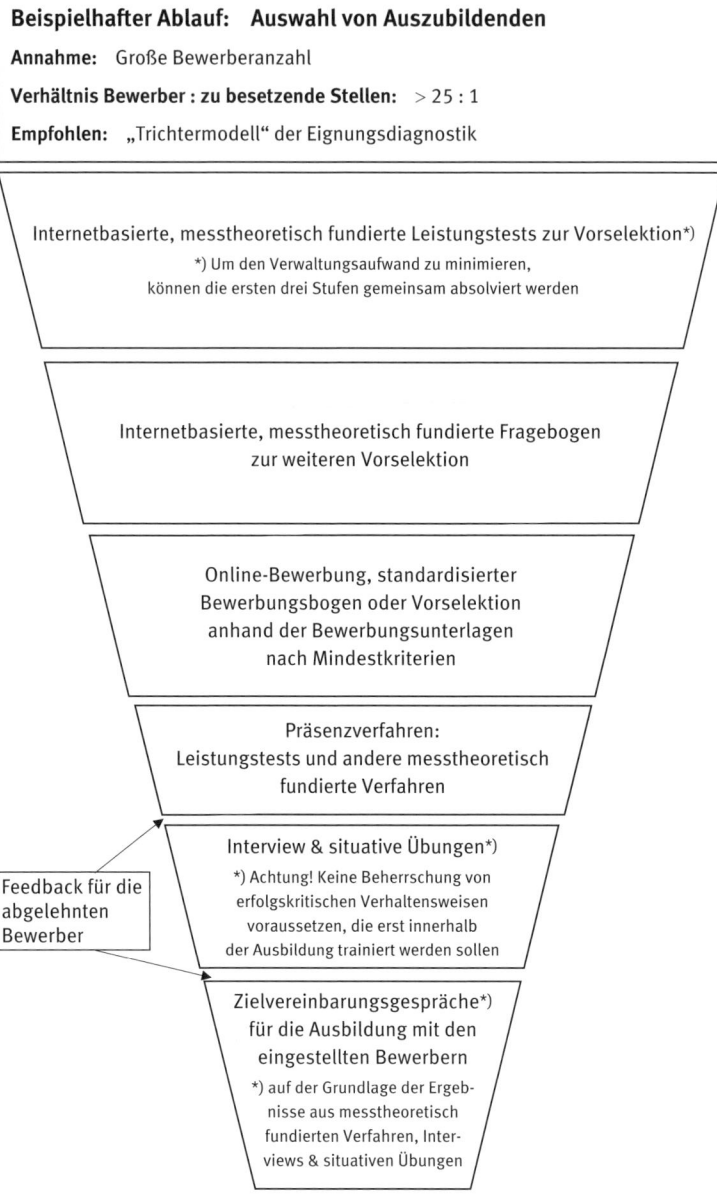

Abbildung 4: Beispielhafter Ablauf – Auswahl von Auszubildenden

4 Eignungsdiagnostik als Kernfunktion von Personalmanagement

Beispielhafter Ablauf: Potenzialanalyse zur Aufnahmeentscheidung in einen Nachwuchsführungskräfte-Entwicklungspool/High-Potential-Pool o. Ä.
Annahme: Es gibt deutlich mehr Kandidaten als in den Entwicklungspool aufgenommen werden sollen
Verhältnis Bewerber : zu besetzende Stelle: > 3 : 1
Empfohlen: Additiv-absichernde Eignungsdiagnostik

Im Vorfeld: Nominierungs-/Bewerbungsbogen mit Begründung der Nominierung durch Führungskraft oder Teilnehmer selbst

ALTERNATIVE 1

Maßgeschneiderte situative Übungen/Fokus: Kompetenzaspekte
Empfehlenswert: geschulte Rollenspieler, um möglichst standardisierte Anforderungen sicherzustellen

Leistungstests und andere messtheoretisch fundierte Verfahren
Fokus: Potenzialaspekte

Entwicklungsfeedback auf der Grundlage der Ergebnisse aus situativen Übungen und messtheoretisch fundierten Verfahren

---

Beispielhafter Ablauf: Potenzialanalyse zur Aufnahmeentscheidung in einen Nachwuchsführungskräfte-Entwicklungspool/High-Potential-Pool o. Ä.
Annahme: Es gibt deutlich mehr Kandidaten als in den Entwicklungspool aufgenommen werden sollen
Verhältnis Bewerber: zu besetzende Stelle: > 3 : 1

ALTERNATIVE 2

Nominierung mit Ergebnissen eines 360°-Feedbacks

Kompetenzbasiertes Interview
Fokus Kompetenzaspekte, Motive und Werte

Maßgeschneiderte situative Übungen/Fokus: Kompetenzaspekte
Empfehlenswert: geschulte Rollenspieler, um möglichst standardisierte Anforderungen sicherzustellen

Leistungstests und andere messtheoretisch fundierte Verfahren
Fokus: Potenzialaspekte

Auswahlentscheidung & Entwicklungsfeedback (für nicht aufgenommene Kandidaten: Förderhinweise in ihrer jetzigen Position); idealerweise im Rahmen eines Zielvereinbarungsgesprächs zwischen Mitarbeiter, Führungskraft und PE-Verantwortlichen

Abbildung 5: Beispielhafter Ablauf – Potenzialanalyse zur Aufnahme in einen Nachwuchsführungskräfte-Entwicklungspool

EIGNUNGSDIAGNOSTIK

Beispielhafter Ablauf:	Auswahl von Spezialisten für eine Position, für die ein sogenannter „Fachkräftemangel" besteht
Annahme:	Kleine Bewerberanzahl; es wird befürchtet, dass es weniger geeignete Bewerber als zu besetzende Stellen gibt
Empfohlen:	Konsequenter Fokus auf die Messung des vorhandenen Potenzials der Bewerber

Im Vorfeld: Offene, breit kommunizierte Ausschreibung, die viele Bewerber mit unterschiedlichen fachlichen Hintergründen und unterschiedlich vorhandenen Kompetenzen für die Zielposition anspricht

Internetbasierte, messtheoretisch fundierte Leistungstests zur Vorselektion*)

*) Strenge Auswahl nach Lernpotenzial, Lernbereitschaft und aktivem Lernverhalten

Präsenzverfahren:
Leistungstests und andere messtheoretisch fundierte Verfahren;
Interview zur Arbeitssituation und zur Motivation und zur Bereitschaft, hart an sich zu arbeiten, um wirklich bisher nicht genutzte Ressourcen zu aktivieren

Feedback für die abgelehnten Bewerber

Zielvereinbarungsgespräche*) für die Ausbildung mit den eingestellten Bewerbern

*) auf der Grundlage der Ergebnisse aus messtheoretisch fundierten Verfahren, Interviews & situativen Übungen

Abbildung 6: Beispielhafter Ablauf – Auswahl von Spezialisten für eine Position, für die ein sogenannter „Fachkräftemangel" besteht

4 Eignungsdiagnostik als Kernfunktion von Personalmanagement

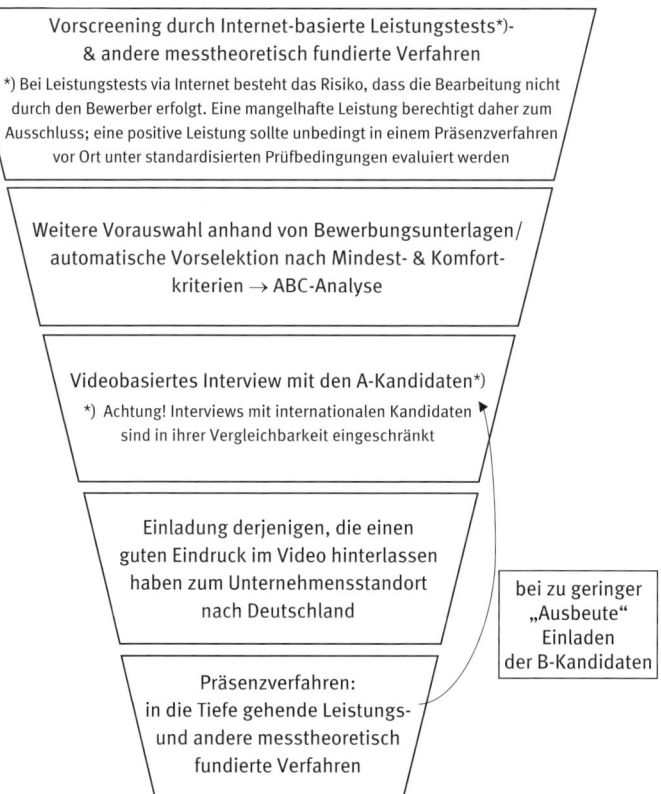

Abbildung 7: Beispielhafter Ablauf – Internationale Bewerber aus unterschiedlichen Ländern für eine Spezialisten-/Führungsfunktion in Deutschland

Beispielhafter Ablauf: Besetzen einer CEO-Position
Annahme: Nur ein oder zwei Bewerber mit entsprechender Erfahrung und Expertise **Verhältnis Bewerber : zu besetzende Stelle:** 1 : 1 bzw. 2 : 1 **Empfohlen:** Additiv-absichernde Eignungsdiagnostik

Intensiv-Check des Lebenslaufs

Kompetenz- & wertebasiertes Intensivinterview

Leistungstests & andere messtheoretisch fundierte Verfahren

Referenz zu ausgewählten Kompetenzbereichen (auf der Grundlage der bisherigen Ergebnisse)

Sicherheitsbefragung/Hintergrundrecherche inklusive polizeilichem Führungszeugnis

Abbildung 8: Beispielhafter Ablauf – Besetzen einer CEO-Position

An den folgenden zwei alternativen Vorgehensweisen im Rahmen einer internen Reorganisation soll beispielhaft illustriert werden, dass die möglichen Einsatzgebiete der DIN 33430 natürlich über den Anwendungsfall Personalauswahl hinausgehen. Auch und gerade bei einer durchaus heiklen internen Kompetenz- und Potenzialanalyse vor einer geplanten Reorganisation mit Stellenabbau unterstützt ein normkonformes Vorgehen die Qualität und Rechtssicherheit der anstehenden Personalentscheidungen und nach Erfahrung der Kommentatoren auch die Akzeptanz unter den Teilnehmern.

4 Eignungsdiagnostik als Kernfunktion von Personalmanagement

Beispielhafter Ablauf: Kompetenz- & Potenzialanalyse der ersten und zweiten Führungsebene vor einer geplanten Reorganisation

Annahme: Im Rahmen der Reorganisation sollen auch in der oberen Führungsebene Stellen abgebaut werden, sämtliche verbleibende Führungspositionen sollen nach bester Passung des individuellen Leistungsprofils zum Anforderungsprofil der Zielposition besetzt werden; im Bedarfsfall soll eine Position auch extern besetzt werden

Verhältnis Bewerber : zu besetzende Stelle: > 1,5 : 1

Empfohlen: Additiv-absichernde Eignungsdiagnostik/„Management-Audit"

ALTERNATIVE 1

Auf die Ergebnisse der Anforderungsanalyse (zukünftige Anforderungen) abgestimmte Leistungs- und andere messtheoretisch fundierte Tests; in erster Line auf das benötigte Potenzial ausgerichtet

Kompetenzbasiertes Interview, strukturiert nondirektive Interviewtechnik; zwei erfahrene Interviewer; Fokus: besonders erfolgskritische Kompetenzen, individuelle Werthaltungen und Motive

Optional: Kontaktnetz – Innerhalb des Interviews nondirektive Abfrage der Beziehungsqualität an wichtigen „Nahtstellen"/Matching aller Teilnehmeraussagen untereinander*)

*) Achtung! Ein 360-Grad-Feedback ist in dieser Situation nicht zu empfehlen, da Verzerrungen durch „politisch-taktische" Antworten zu erwarten sind

Beispielhafter Ablauf: Kompetenz- & Potenzialanalyse der ersten und zweiten Führungsebene vor einer geplanten Reorganisation

Annahme: Im Rahmen der Reorganisation sollen auch in der oberen Führungsebene Stellen abgebaut werden, sämtliche verbleibende Führungspositionen sollen nach bester Passung des individuellen Leistungsprofils zum Anforderungsprofil der Zielposition besetzt werden; im Bedarfsfall soll eine Position auch extern besetzt werden

Verhältnis Bewerber : zu besetzende Stelle: > 1,5 : 1

ALTERNATIVE 2

Messtheoretisch fundierte Verfahren → Potenzial-fokussiert

Strukturiert nondirektives Interview → Kompetenz-fokussiert

Besonders erfolgskritische situative Übungen mit professionellem Rollenspieler
Empfehlung: ins Interview integrieren

Outplacement-Beratung für „Trennungskandidaten"

Coaching und maßgeschneiderte PE-Maßnahmen für das zukünftige Managementboard

Abbildung 9: Beispielhafter Ablauf – Kompetenz- & Potenzialanalyse der ersten und zweiten Führungsebene vor einer geplanten Reorganisation

Zwei Kernbotschaften der Norm insgesamt sind die Transparenz der Prozesse und der Anwendungsbezug sämtlicher eingesetzter Verfahren. Damit greift sie die Bedürfnisse von Auftraggebern und Entscheidungsträgern nach validen und aussagekräftigen Instrumenten genauso auf, wie auch die Bedeutung des Wahrnehmungs- und Erlebnishorizontes der Kandidaten.

Die aktuelle Debatte um die Candidate Experience ist nach Ansicht der Kommentatoren eine Scheindebatte, die eine Reaktion auf die zu Beginn schwerfälligen Onlineportale war und ist. Das Schlagwort Gamification und der Irrglaube, junge Leute wären nur noch über „Recruitainement" zu erreichen, werden dem ernsten Anliegen von Stellensuche und Bewerberauswahl nicht gerecht. Der angemessene Ansatz nach DIN 33430 ist die Begegnung auf Augenhöhe: Transparenz der Entscheidungswege, Klarheit in den Anforderungen, Legitimation der Instrumente und nachvollziehbare Prozesse mit Feedbackangeboten und offenem Austausch. Unternehmen müssen ihrer Verantwortung für die Ernsthaftigkeit der zum Einsatz kommenden Instrumente und für die Einstellungsentscheidung insgesamt gerecht werden.

4.4 Umsetzung des eignungsdiagnostischen Prozesses

Die DIN 33430 macht auch konkrete Vorgaben zur Umsetzung der geplanten Vorgehensweise, zur Auswertung und Interpretation der eingesetzten Verfahren sowie zur Synthese aller Auswertungen und Interpretationen in einer zusammenfassenden Urteilsbildung.

> **6 Durchführung, Auswertung, Interpretation und Urteilsbildung**
>
> **6.1 Allgemeines**
>
> Hinsichtlich der Durchführung der Eignungsuntersuchung, der Auswertung der Verfahren, der Interpretation der Verfahrensergebnisse und der darauf basierenden Urteilsbildung sind etwaige gesetzliche Vorgaben (z. B. Datenschutz, Schweigepflicht) einzuhalten. Ebenso sind die in Abschnitt 5 spezifizierten Anforderungen zu beachten. Verfahrensübergreifend sind des Weiteren die folgenden Hinweise zu berücksichtigen.

Die Aussage, dass gesetzliche Vorgaben einzuhalten sind, bedarf an dieser Stelle keiner weiteren Erläuterung.

Im Folgenden sind die Vorgaben der Norm zusammengefasst und kommentiert, die unabhängig von der gewählten Vorgehensweise und der Art und Anzahl der eingesetzten Verfahren zu beachten sind.
Dazu die Norm:

6.2 Durchführung der Eignungsuntersuchung

Spätestens zu Beginn der Untersuchung – soweit möglich bereits im Rahmen der Einladung – sind Kandidaten über die infrage stehende Tätigkeit, Ziele und Funktion der Eignungsuntersuchung, ihren Ablauf und ihre Dauer sowie über mitwirkende Personen und deren Funktionen zu informieren. Ebenso sind Kandidaten darüber aufzuklären, wie die Verfahrensergebnisse verwendet werden, in welcher Form und wie lange sie aufbewahrt werden sowie wer von ihnen Kenntnis erlangt. Dabei sind die Kandidaten über die Einhaltung der Datenschutzbestimmungen zu informieren. Es muss die Einwilligung der Kandidaten in die Eignungsuntersuchung vor dem Hintergrund dieser Informationen sowie die Zustimmung zur Weitergabe der Verfahrensergebnisse eingeholt werden. Andernfalls ist von der Durchführung der Eignungsuntersuchung abzusehen und den Kandidaten sind die hieraus resultierenden Konsequenzen zu erläutern.

In der Regel weisen zu Eignungsuntersuchungen einladende Stellen schon bei der Einladung mindestens auf Veranlassung, Beginn, Ort und Dauer sowie die grundlegenden Rahmenbedingungen der Untersuchung hin.

Da die Norm ausführliche Vorgaben zur Information aller Kandidaten vor Beginn der eigentlichen Eignungsuntersuchung(en) macht, bietet es sich an, eine Checkliste zur Begrüßung anzufertigen, die alle Normgesichtspunkte abdeckt und nach den eigenen Vorstellungen und Gegebenheiten ergänzt wird. Beispielhaft zeigt die folgende Checkliste für einen Traineeauswahltag relevante Informationen auf. Die von der DIN zwingend vorgeschriebenen Informationen sind *kursiv* gesetzt.

PRAXISBEISPIEL

Checkliste Kandidatenbegrüßung

1) Warum sind Sie eingeladen?
2) *Ziele der heutigen Eignungsuntersuchung*
3) *Funktion der Eignungsuntersuchung im Entscheidungsprozess*

4) *Beginn,*
   Pausen,
   Getränke/Verpflegung,
   gemeinsamer oder individueller Tagesabschluss
   (Start am nächsten Tag: ... Uhr)
   Ende
   Ansprechpartner für Organisationsfragen
   Locations (Verpflegung, Toiletten etc.)
5) *Wen treffen Sie heute?*
   Alle Personen mit Funktionen vorstellen
6) *Was passiert mit Ihren Ergebnissen?*
   An wen gehen die Ergebnisse?
   In welcher Form und wie lange werden sie aufbewahrt?
   Hinweise auf Anonymisierung/Pseudonomisierung der Daten zu Forschung und Evaluation
7) *Hinweis zur Einhaltung der Datenschutzbestimmungen*
8) Fragen zur Einwilligung
   Bestätigung der freiwilligen Teilnahme
   Einwilligung zur Weitergabe der Ergebnisse
   Erläutern der Konsequenzen bei Nichtteilnahme
   Erläutern der Konsequenzen bei Abbruch

Die Kandidaten sollten zeitlich und psychisch und körperlich nicht mehr beansprucht werden, als für den Untersuchungszweck erforderlich ist.

Die DIN 33430 gibt den durchführenden Stellen die Empfehlung, nicht mehr Zeit für die Untersuchung anzusetzen als nötig und die Kandidaten nicht über Gebühr zu beanspruchen. Obwohl diese Aussage keine Muss-Vorschrift ist, sollten Abweichungen von dieser Empfehlung aus Sicht der Kommentatoren nicht ohne Grund vorgesehen werden und möglichst begründet und dokumentiert sein.

> Die Objektivität der Durchführung der Verfahren muss sichergestellt werden. Dazu sind die in den Verfahrens- und Handhabungshinweisen enthaltenen Vorgaben und Empfehlungen zur Vorbereitung, zum Material und dessen Einsatz, zu den mündlichen Aufgabeninstruktionen, den vorgeschriebenen Protokollierungen und Zeiten sowie den Regeln zum Umgang mit Nachfragen zu beachten. Sofern urheberrechtlich geschützte Materialien verwendet werden, müssen aus urheberrechtlichen Gründen die Originalmaterialien verwendet werden. Anweisungen bzw. Erläuterungen an die Kandidaten müssen verständlich, eindeutig und möglichst standardisiert erfolgen. Schließlich ist so weit wie möglich dafür zu sorgen, dass Verfahrensergebnisse nicht durch Betrug und/oder Täuschung verfälscht werden.

Die Objektivität eines Verfahrens ist ein wichtiges Gütekriterium. Sie ist Voraussetzung für Zuverlässigkeit und Gültigkeit. Objektivität bedeutet, dass die späteren Ergebnisse unabhängig davon sind, wer das Verfahren erklärt, wer seine Durchführung beaufsichtigt und gegebenenfalls Nach- oder Zwischenfragen beantwortet oder wer bei der Bearbeitung eines Verfahrens noch mitwirkt oder beteiligt ist. Diese Überlegungen zeigen schon, dass z. B. Gruppenübungen mit Interaktionen von mehreren Kandidaten nie in wirklich objektiven Ergebnissen resultieren können, da eine solche Gruppenarbeit immer maßgeblich von den anderen Teilnehmern mit beeinflusst wird. Trotzdem wird man sie in vielen Formen von Assessment-Centern finden, da sie Hinweise und Eindrücke liefern sollen, die man nur in der Interaktion beobachten kann. Trotz des hohen Aufwandes kann eine hohe Objektivität einer solchen Gruppenübung nur durch den Einsatz von zwei bis drei gebrieften und trainierten Rollenspielern pro einem echten Teilnehmer gewährleistet werden. Wenn tatsächlich besonders erfolgskritische Anforderungen vorliegen, die nur in einer Gruppensituation erfasst werden können, ist dieser Aufwand aus Sicht der Kommentatoren durchaus gerechtfertigt.

Eine wichtige Voraussetzung für Objektivität ist die Vereinheitlichung der Durchführungsbedingungen einer Eignungsuntersuchung. Daher ist es wichtig, möglichst alle vorhersehbaren Interaktionen vorher zu planen und dafür standardisierte Reaktionen vorzuschreiben. Diese Vorschriften müssen dann in der Durchführung auch beachtet werden. Auch die Materialien müssen für alle Teilnehmer die gleichen sein, genauso wie die Zeitvorgaben und die Zeitkontrollen. Sollten Apparate bzw. technische Hilfsmittel in Übungsanordnungen eingebaut sein, muss sichergestellt sein, dass alle gleich funktionieren.

In Gruppenveranstaltungen können Täuschungen erfahrungsgemäß am besten durch großen Abstand zwischen den Teilnehmern und das Unterbinden der Nutzung mobiler Telefone minimiert werden. Letzteres ist auch in solchen Fällen besonders wichtig, wenn einzelne, in das Unternehmen des Auftraggebers eingeladene Kandidaten standardisierte Eignungstests ohne direkte Aufsicht allein durchführen.

Bei Eignungsuntersuchungen, die Teilnehmer online von zu Hause aus bearbeiten, ist es nach Überzeugung der Kommentatoren nicht möglich sicherzustellen, dass sie ohne Unterstützung bearbeitet wurden. Daher empfiehlt es sich in solchen Fällen, schlechten Ergebnissen in Leistungstests mehr zu vertrauen als guten sowie gute oder besonders gute Ergebnisse in einem nachfolgenden Prozessschritt zu überprüfen.

Diese Überprüfung muss nicht unbedingt durch Retests (Testwiederholungen) erfolgen. Sie kann auch durch spezifische, eine gleiche Leistung erfordernde Aufgabenstellungen wie z. B. individuell zu bearbeitende Business-Cases im Rahmen eines ACs oder durch andere messtheoretisch fundierte Verfahren erfolgen.

> Vor oder während der Eignungsuntersuchung sollten Informationen über den Arbeitsplatz und die damit verbundenen Aufgaben gegeben werden.

Eine Empfehlung der Norm ist, Eignungsuntersuchungen nicht nur einseitig zur Beurteilung der Kandidaten zu nutzen, um die Entscheidung der Auftraggeber zu unterstützen, sondern auch den Kandidaten Informationen über die Aufgabe oder den Arbeitsplatz zu vermitteln, die für deren Entscheidungsfindung relevant sein können.

> Die Anwendung der Verfahren zur Eignungsbeurteilung darf nicht zu einer Benachteiligung oder Bevorzugung einzelner Kandidaten oder Gruppen führen. Insbesondere ist darauf zu achten, dass keine Kenntnisse, Fertigkeiten oder Fähigkeiten das Ergebnis beeinflussen, die nicht zum zu erfassenden Eignungsmerkmal gehören und zugleich bei der Zielgruppe des Verfahrens unterschiedlich ausgeprägt sein können (z. B. Sprachkenntnisse, sofern diese nicht mit dem Verfahren erfasst werden sollen).

Diese normative Forderung bezieht sich auf die wichtigen Prinzipien Vergleichbarkeit aller Kandidatenergebnisse und Fairness. Eine Beeinflussung des Messergebnisses durch eignungsirrelevante Kenntnisse, Fertigkeiten oder Fähigkeiten würde zudem die Validität des Messergebnisses erheblich beeinflussen.

Das bedeutet auch, dass bei Kandidaten, die besonderer Hilfen bedürfen (z. B. bei eingeschränktem Seh- oder Hörvermögen, motorischen Beeinträchtigungen bzw. anderweitigen Einschränkungen), geeignete Vorkehrungen zu treffen sind. Kandidaten mit Einschränkungen müssen nach ihren spezifischen Bedürfnissen in Bezug auf die Eignungsuntersuchung befragt werden. Sofern es möglich und fachlich vertretbar ist, sollte den Bedürfnissen in angemessener Form entsprochen werden, indem z. B. das ursprüngliche Verfahren ohne Ergebnisverfälschung der individuellen Einschränkung angepasst wird oder alternative und für den spezifischen Kandidaten besser geeignete Verfahren verwendet werden. In solchen Sonderfällen kann es fachlich angemessen sein, unterschiedliche Kandidaten mit verschiedenen Verfahren zu testen. Dabei sollten die Einschränkungen Berücksichtigung finden, die zum einen negative Auswirkungen auf die Ausführung der im jeweiligen Verfahren geforderten Aktivitäten bzw. auf die Verfahrensergebnisse haben und die zum anderen irrelevant für das mit dem Verfahren erfasste Eignungsmerkmal sind.

BEISPIEL Wenn es um die Beherrschung der Grundrechenarten geht, kann eine Einschränkung in der Sehkraft berücksichtigt werden, indem die Aufgabenstellung anders (taktil, auditiv) vorgegeben wird. Eine schriftliche Vorgabe von Rechenaufgaben würde dazu führen, dass der Kandidat mit einer Sehbehinderung geringe Leistungen erbringen würde, gleichwohl er die Grundrechenarten beherrscht. Geht es hingegen um die Eignung eines Fahrzeugführers, kann dem Bedürfnis nach einem Verzicht auf Verfahren, die Anforderungen an die Sehkraft stellen, nicht entsprochen werden, weil die Sehfähigkeit relevant für die Eignung ist.

Dahingehend vorgenommene Veränderungen am Verfahren oder seiner Handhabung sollten möglichst durch die Verfahrens- oder Handhabungshinweise abgedeckt sein oder zumindest mit dem Verfahrensentwickler oder dem Herausgeber des Verfahrens (z. B. Verlag) besprochen werden. Die Auswirkungen der Maßnahmen (z. B. zur Veränderung eines Verfahrens oder seiner Handhabung) auf die Gültigkeit der Verfahrensergebnisse sind so gering wie möglich zu halten.

Verfahren zur Eignungsbeurteilung dürfen Kandidaten, die besonderer Hilfen bedürfen, nicht durch die Art der Vorgabe benachteiligen. Diesem, dem Arbeitsausschuss besonders wichtigen Grundsatz, muss im Bedarfsfall der Grundsatz, alle Kandidaten mit den gleichen Verfahren zu testen, untergeordnet werden. Eine standardisierte, gleiche Vorgehensweise soll ja Vergleichbarkeit und Fairness sicherstellen. Die DIN 33430 weist dezidiert darauf hin, dass in Sonderfällen diese Vergleichbarkeit und Fairness besser erreicht werden kann, wenn verschiedene Verfahren eingesetzt werden. Dieser Abwägeprozess kann

EIGNUNGSDIAGNOSTIK

für jeden Einzelfall nur vom verantwortlichen Diagnostiker – ggf. in enger Abstimmung mit den Entwicklern oder Herausgebern der jeweiligen Verfahren – geleistet werden. Daher wurde die DIN 33430 so formuliert, dass der Ersatz von Verfahren für einzelne Kandidaten durch andere oder abgeänderte Verfahren mit der gleichen Funktion im Einzelfall angezeigt und normkonform sein kann.

Die Kommentatoren empfehlen, diesen Abwägeprozess zu dokumentieren und zu begründen, warum welche Abweichungen von dem Standardvorgehen gewählt wurden.

Bei der Durchführung computerbasierter oder internetgestützter diagnostischer Verfahren sind folgende zusätzliche Aspekte zu beachten:

Es ist festzulegen, welche Art der Authentifizierung und Überwachung unter Berücksichtigung der Art des Verfahrens und des Ziels der Anwendung erforderlich ist. Erst vor dem Hintergrund des Einsatzzwecks lässt sich abschließend beurteilen, welcher Art die Durchführung sein soll: Eine Durchführung ohne Überwachung, eine halb geschützte Durchführung (z. B. mit Identifikation über Benutzername und Passwort) oder eine geschützte Durchführung unter vollständig kontrollierten Bedingungen (z. B. in Testzentren). Werden Durchführungsmodi ohne persönliche Anwesenheit eines Verfahrensleiters gewählt (z. B. ortsunabhängige, internetbasierte Vorgabe mit Authentifizierungsmaßnahmen über Login durch persönlichen Benutzernamen und Passwort), sind die dadurch bedingten Einschränkungen der Durchführungsobjektivität und die erhöhte Manipulierbarkeit bei der Verwertung der Ergebnisse zu berücksichtigen. So sind beispielsweise die Ergebnisse von Leistungsverfahren, die unter nicht oder wenig kontrollierten Bedingungen (z. B. Bearbeitung zu Hause über Internet) gewonnen werden, lediglich für eine Orientierung/ein Screening verwendbar, da weder die Personenidentität des Teilnehmers noch die Objektivität der Durchführung (z. B. unzulässige Hilfsmittel) abschließend gesichert sind. Die Plausibilität der Ergebnisse eines solchen Screening-Verfahrens ist in einem späteren Auswahlschritt unter sicheren Durchführungsbedingungen zu überprüfen.

Bei der Durchführung internetgestützter Verfahren außerhalb von Testzentren ist des Weiteren darauf zu achten, dass den Kandidaten ein Nutzersupport für technische Fragen bereitgestellt wird.

Auch wenn im ersten Satz angekündigt wird, dass zusätzliche Gesichtspunkte für computerbasierte oder internetgestützte diagnostische Verfahren aufgeworfen werden, geht es hier im Wesentlichen wieder um die Objektivität und die Verhinderung von Täuschungsversuchen.

Neben den bereits weiter oben gemachten Anmerkungen zu den Einschränkungen der Interpretierbarkeit von Eignungsuntersuchungen, die Teilnehmer online von zu Hause aus bearbeiten, ist aus Sicht der Kommentatoren festzustellen: Im Einsatzgebiet Personalauswahl machen Onlineverfahren ohne eine Authentifizierung gar keinen Sinn, denn es muss in einer Anwendung für die Eignungsdiagnostik möglich sein festzustellen, welcher Person welches Ergebnis zuzuordnen ist. Dass eine solche Online-Authentifizierung über Passwort nie sicherstellt, dass der Zugangsberechtigte auch wirklich derjenige ist, der das Verfahren bearbeitet hat, ist selbstverständlich und hinreichend betrachtet. Daher macht in der Praxis der Eignungsbeurteilung nur die Unterscheidung zwischen überwachter und nicht überwachter Durchführung Sinn. Zur Nutzung für das Vorscreening von Bewerbern bieten sich Onlineverfahren, die von zu Hause durchgeführt werden können, aus Sicht der Kommentatoren insbesondere für folgende Konstellationen an:

- Weite Anreisewege von Bewerbern
- Zeitverschiebung zwischen Bewerber und Organisation
- Große Anzahl von Bewerbern

Für diese Fälle bieten qualitätsgesicherte Onlineverfahren als Screening-Methode mittlerweile eine überzeugende Möglichkeit zur Optimierung von Auswahlprozessen. Allerdings können solche nicht überwachten Onlineverfahren nicht die einzige oder die Hauptmethodik der Eignungsbeurteilung sein.

Eine wichtige Voraussetzung, dass ein derartiges Screening auch funktioniert, ist der in der Norm angeregte technische Support für Testteilnehmer.

4.5 Auswertung, Interpretation der Ergebnisse und Urteilsbildung

Auch zu diesen Themen macht die Norm verschiedene Muss- und Soll-Vorgaben.

6.3 Auswertung der Verfahren

Die Auswertung hat sich nach den vorher festgelegten Regeln zu richten. Abweichungen von den Verfahrens- oder Handhabungshinweisen durch Störungen oder Verfälschungen sind festzuhalten und bei der Auswertung zu berücksichtigen. Bei Kandidaten, für die während der Durchführung eines Verfahrens bestimmte Maßnahmen ergriffen wurden, um ihrem besonderen Hilfebedarf gerecht zu werden, ist zu prüfen, inwieweit Auswertungsregeln und -vorgehensweisen angepasst werden müssen.

Diese Aussagen sind allesamt Muss-Vorschriften.

Der erste Satz dieses Absatzes betont noch einmal, dass Regeln, die vorab festgelegt worden sind, bei der Auswertung auch anzuwenden sind. Diese Aussage gilt immer, unabhängig davon, wer mit wem die Festlegung getroffen hat und wer die Auswertung durchführt. Aus dieser Vorgabe folgt zwingend, dass, wenn bei der Auswertung Festlegungen als nicht angemessen erscheinen, das Gremium oder der Personenkreis, der die Festlegungen getroffen hat, konsultiert werden muss. Ist das nicht möglich, muss nach Ansicht der Kommentatoren ein solcher Fall dem verantwortlichen Diagnostiker vorgelegt werden, der den Umgang damit und die notwendige Dokumentation und Berichterstattung entscheidet.

Die daran anschließenden Sätze beziehen sich trotz ihrer Referenz auf die Verfahrens- und Handhabungshinweise nicht ausschließlich auf messtheoretisch fundierte Verfahren. Der Bezug mit der Verknüpfung „oder" meint an dieser Stelle und in den folgenden Absätzen immer die Hinweise, die für die jeweilige Verfahrensklasse vorgeschrieben sind. Die zwingend vorgeschriebene Dokumentation sollte unbedingt von der Person vorgenommen werden, die die Störungen und Verfälschungen beobachtet hat bzw. die die Hilfsmaßnahmen bei der Durchführung vorgenommen hat. Die Prüfung und gegebenenfalls Anpassung der Auswertung sollte nur dann von anderen Personen als dem Eignungsdiagnostiker oder dem verantwortlichen Eignungsdiagnostiker vorgenommen werden, wenn der vorliegende Fall durch die Verfahrens- und Handhabungshinweise geregelt ist. In allen anderen Fällen sollte der verantwortliche Eignungsdiagnostiker dies selbst tun.

> Es dürfen nur Informationen zu anforderungsrelevanten Eignungsmerkmalen ausgewertet werden.

Diesen Anforderungsbezug findet man mehrfach in der Norm, weil er grundsätzlich für das gesamte Vorgehen und damit für jeden einzelnen Prozessschritt gilt.

6.4 Interpretation der eignungsrelevanten Informationen

Die Interpretation der eignungsrelevanten Informationen und die Beurteilung der Eignung müssen sich nach den Grundsätzen der Objektivität sowie der Unparteilichkeit und Unabhängigkeit in Bezug auf die Kandidaten richten. Abweichungen von den Verfahrens- oder Handhabungshinweisen jeg-

> licher Art (z. B. durch Störungen oder Verfälschungen bzw. durch intendierte Veränderungen aufgrund der Bedürfnisse von Kandidaten, die spezifische Hilfen benötigen) sind bei der Interpretation zu berücksichtigen.

Der erste Satz ist so zu verstehen, dass auch bei Verfahren, die nicht messtheoretisch fundiert sind und zu denen keine Verfahrenshinweise vorliegen, insbesondere bei Dokumentenanalyse, Interview und Beobachtung z. B. in Assessment-Centern, die Eignungsmerkmale so erfasst werden müssen, dass persönliche Merkmale der Kandidaten, die keinen Eignungsbezug haben, nicht in die Interpretation der Informationen einfließen und diese nicht beeinflussen dürfen. Ein häufig gewähltes Beispiel ist hier das Foto. Wenn es sich nicht um die Besetzung einer Stelle als Fotomodell o. Ä. handelt, hat die Qualität des Bewerbungsfotos keinen Eignungsbezug und darf daher nicht in die Eignungsbeurteilung einfließen.

Bei etwaigen im Rahmen der Dokumentenanalyse durchgeführten Online-Recherchen in sozialen Netzwerken ist insbesondere zu beachten, dass bereits das Recherchieren von Informationen nur zu einzelnen Kandidaten dem Gebot der Objektivität widersprechen würde. Wenn Online-Recherchen vorgenommen werden, müssen auch diese

1) für alle Kandidaten in gleicher Weise und mit gleichen Fragestellungen durchgeführt werden und

2) nach vorher festgelegten Kriterien interpretiert werden.

Nur wenn im Rahmen der Planung des Vorgehens Entscheidungspunkte festgelegt wurden, auf der Basis welcher Hinweise in den Bewerbungsunterlagen systematisch online nachrecherchiert werden soll, darf selektiv zu einzelnen Kandidaten recherchiert werden. Freie Assoziationen, z. B. zu Randinformationen aus einem Gesprächseindruck und die Überlegung „Das kam mir aber komisch vor, da recherchiere ich doch mal im Internet, ob ich etwas finde.", sind nach DIN 33430 nicht zulässig. Vage Eindrücke, die im Gespräch entstehen, sollten auch immer im Gespräch durch Nachfragen geklärt werden und nicht mittels subjektiver Vermutungen und Schlussfolgerungen interpretiert werden. Im Übrigen gelten die zu den Anforderungen an Verfahren gemachten Ausführungen zu Online-Recherchen bzw. zur Anwendung von automatisierten Algorithmen zur Interpretation von online verfügbaren Daten.

EIGNUNGSDIAGNOSTIK

> Es sollten nur dann Interpretationen der Ergebnisse einzelner Verfahrensbestandteile vorgenommen werden, wenn diese Interpretationen durch die Handhabungs- oder Verfahrenshinweise abgedeckt sind.

Nachdem die einzelnen Verfahren ausgewertet sind, werden die vorliegenden Ergebnisse in Hinblick auf die zu beantwortende Fragestellung interpretiert. Auf der Grundlage dieser Interpretationen folgt die Eignungsbeurteilung. Die Interpretation der Ergebnisse ist also ein ganz entscheidender Schritt zur Urteilsbildung. Dennoch wurde für die Interpretation der Ergebnisse einzelner Verfahrensbestandteile bewusst keine Muss-, sondern eine Soll-Vorschrift formuliert.

Dies berücksichtigt die Möglichkeit, dass ein Verfahren aus technischen, organisatorischen oder anderen Gründen nicht vollständig durchgeführt werden konnte. Damit nicht auch die Informationen, die in einem solchen Fall gewonnen werden konnten, verloren gehen, eröffnet diese Soll-Vorschrift in Ausnahmefällen die Möglichkeit, trotzdem auf diese unvollständigen Informationen zurückzugreifen. In solchen Ausnahmefällen muss aber aus Sicht der Kommentatoren unbedingt ein Eignungsdiagnostiker die Interpretation vornehmen.

In den Handhabungs- oder Verfahrenshinweisen nicht vorgesehene Interpretationen auf Itemebene (z. B. eine konkrete Antwort auf eine einzelne Frage eines Persönlichkeitsfragebogens) sollten demgegenüber nach Überzeugung der Kommentatoren nie vorgenommen werden.

> Bei den messtheoretisch fundierten Verfahren sind bei der Interpretation von Verfahrensergebnissen wie auch bei der Interpretation von Messwertdifferenzen beim Vergleich von Verfahrensergebnissen der jeweilige Standardmessfehler und die entsprechenden Vertrauensintervalle zu berücksichtigen.

Wie beim Stichwort ‚Reliabilität' schon ausführlich kommentiert, ist jedes Messergebnis mit einem bestimmten Messfehler behaftet. Deshalb erinnert dieser Absatz der Norm daran, dass bei einem Vergleich von Verfahrensergebnissen diese Messungenauigkeit bei der Interpretation berücksichtigt wird. Es wäre z. B. ein Fehler, zwei Messergebnisse in einem Intelligenztest von Prozentrang 45 und Prozentrang 48 dahingehend zu interpretieren, dass der Kandidat mit PR 48 eine „deutlich höhere Intelligenzleistung" gezeigt habe. Ab wann Unterschiede in den Messergebnissen tatsächlich als Leistungsunterschiede

im jeweiligen Eignungsmerkmal interpretiert werden können, lässt sich für den Eignungsdiagnostiker durch die statistischen Kennwerte „Standardmessfehler" und „Vertrauensintervall" bestimmen.
Der Standardmessfehler ist wichtig für die Bestimmung des Vertrauensintervalls. Dieses gibt an, innerhalb welcher Grenzen der tatsächliche Messwert („wahre Wert") bei festgelegter Irrtumswahrscheinlichkeit variieren kann.
Je höher die Reliabilität eines messtheoretisch fundierten Verfahrens ist, umso geringer ist der Standardmessfehler. Deshalb spielt die Höhe der Reliabilität eine so große Rolle.

Hinsichtlich der Auswertung/Interpretation ist bei computerbasierten oder internetgestützten Verfahren zusätzlich zu beachten, dass die Gültigkeit der Algorithmen dauerhaft sichergestellt wird, die den automatisierten Ergebnisberichten/-interpretationen zu Grunde liegen.

Diese Algorithmen sind bei Revisionen eines Verfahrens oder auch nur einzelner Verfahrensbestandteile grundsätzlich auch zu kontrollieren und gegebenenfalls anzupassen.

Ergebnisberichte/Darstellungen sind so zu formulieren, dass sie für die jeweilige Zielgruppe (z. B. Kandidaten, Auftraggeber) verständlich sind. Beim (internetgestützten) Testen ohne persönliche Rückmeldung ist in besonderem Maße auf die Aussagekraft und Verständlichkeit der Ergebnisberichte zu achten. Angesichts der Schwierigkeit, die Wirkung der Rückmeldung auf den Kandidaten einschätzen zu können, sollte die Rückmeldung selbstwertschützend ausfallen, und es sollten Hinweise gegeben werden, wie auf Unterstützung und andere Informationen zurückgegriffen werden kann. Bei Verfahren mit automatischer Klassifikation und/oder automatisierten Ergebnisberichten/-interpretationen trägt der Dienstleister in jedem Fall die Verantwortung für die Richtigkeit der übermittelten Informationen. Die Kandidaten sind darauf hinzuweisen, dass der Ergebnisbericht automatisiert erstellt wurde.

Auch die meisten dieser Ausführungen sind Muss-Vorgaben der DIN 33430. Da sie sich aber auf Dimensionen beziehen, die relativ schwer zu messen sind, wie die Verständlichkeit eines Textes für eine Zielgruppe, wurde die zentrale Botschaft, dass Rückmeldungen, die automatisiert erstellt werden, „selbstwertschützend ausfallen SOLLTEN" als weicherer Appell formuliert. Wichtig

Eignungsdiagnostik

war den Mitgliedern des Arbeitsausschusses, dass bei automatisiert erstellten und nicht in jedem Einzelfall vom verantwortlichen Eignungsdiagnostiker überprüften und ggf. ergänzten Berichten die Kandidaten auf die automatisierte Erstellung hingewiesen werden. Auch für diese Berichte muss es einen Verantwortlichen für die Richtigkeit der Inhalte geben. In diesem Fall trägt der Dienstleister, der das jeweilige Verfahren anbietet, die Verantwortung.

6.5 Ergebnisbericht

Der Ergebnisbericht muss sich auf anforderungsrelevante Aspekte beschränken und Antworten auf die in der Auftragserteilung gestellten Fragen geben.

Der Anforderungsbezug, der in der DIN 33430 konsequent für die eingesetzten Verfahren und für die insgesamt zu den Kandidaten erfassten Informationen gefordert wird, wird auch für die Inhalte des Ergebnisberichtes vorgeschrieben.

Die Darstellung sollte adressatengerecht erfolgen und verständlich sein.

Diese Aussage ist als Soll-Vorschrift formuliert, denn die Verständlichkeit ist als adressatengerecht vorgegeben und damit nicht als allgemeingültiges und einheitliches Maß zu betrachten.

Es ist darauf einzugehen, auf welche eignungsrelevanten Informationen sich die Eignungsbeurteilung stützt und welche Bedeutung welcher Information beigemessen wurde. Es müssen alle eignungsrelevanten Informationen in der vorgesehenen Weise berücksichtigt werden, eine selektive Nutzung von Informationen ist unzulässig. Es ist jeweils anzugeben, auf welchen eignungsrelevanten Informationen ein Ergebnis basiert.

Insbesondere, wenn in einem Bericht die Ergebnisse aus unterschiedlichen Verfahren zu einer Eignungsbeurteilung zusammengefasst werden, ist es für die Nachvollziehbarkeit der Schlussfolgerung wichtig, welche eignungsrelevanten Informationen wie interpretiert wurden. Aus Sicht der Kommentatoren schließt dies auch ein darzustellen, welche Ergebnisse mit welchem Verfahren erzielt wurden. Die Muss-Vorschrift, alle eignungsrelevanten Informationen in der vorgesehenen Weise zu berücksichtigen, ist besonders entscheidend, wenn sich einzelne Ergebnisse auf den ersten Blick widersprechen bzw. sich einzelne Ergebnisse nicht zu einem stimmigen Gesamtbild zusammenfassen lassen.

Best-Practice ist hier, auf die (scheinbaren) Widersprüche hinzuweisen und die Schlussfolgerungen des verantwortlichen Eignungsdiagnostikers nachvollziehbar zu begründen.

Die obigen Vorschriften schließen selbstverständlich nicht die adressatenorientierte Verkürzung auf handlungs- und entscheidungsrelevante Informationen aus. Ein Ergebnisbericht ist keine wissenschaftliche Abhandlung, sondern ein praxisorientiertes Dokument, das dazu dient, in der Auftragsklärung formulierte Fragen zu beantworten und eine Entscheidung vorzubereiten.

> Die Beschreibung der eignungsrelevanten Informationen ist deutlich von ihrer Interpretation abzugrenzen.

Die Beschreibung der Informationen ist als die Darstellung der Ergebnisse zu verstehen, die selbstverständlich z. B. für messtheoretisch fundierte Verfahren auch numerisch in Form der aggregierten Scores erfolgen kann.

> Wenn hinsichtlich bestimmter Ergebnisse Unklarheiten bestehen, sind diese entsprechend darzustellen und ihre Bedeutung für die Beurteilung der Eignung ist zu erläutern.

Hiermit sind Unklarheiten hinsichtlich der Interpretation von einzelnen Ergebnissen und der Einordnung in den Gesamtkontext gemeint. (Anmerkung: Cut-Off-Punkte sollten z. B. durch exakte Angaben wie „≥" oder „>" vorher eindeutig festgelegt sein). Insbesondere bei Abweichungen von den Verfahrens- oder Handhabungshinweisen jeglicher Art (z. B. durch Störungen oder Verfälschungen) ist die Aussagekraft der Ergebnisse durch den verantwortlichen Eignungsdiagnostiker kritisch zu prüfen. In Zweifelsfällen sollten nach Ansicht der Kommentatoren Ergebnisdaten nicht benutzt werden. In diesem Fall muss auf diese Lücke in der eignungsdiagnostischen Arbeit hingewiesen werden.

> In analoger Weise ist mit eignungsrelevanten Informationen umzugehen, die zu sich widersprechenden Interpretationen führen.

Hiermit ist gemeint, dass Widersprüche in der Bewertung von Informationen aus mehreren Datenquellen transparent berichtet werden müssen.

Sollte die in der Auftragserteilung formulierte Fragestellung sich (auch) auf Maßnahmenvorschläge beziehen, so müssen diese realistisch sowie umsetzbar sein und konkret beschrieben werden.

Dieser Punkt unterstreicht noch einmal die Bedeutung der Auftragsklärung. Die Forderung nach Umsetzbarkeit und Konkretheit von Maßnahmenvorschlägen unterstreicht den praktischen Nutzen, auf den die DIN 33430 ingesamt zielt.

4.6 Dokumentation des Vorgehens

7 Dokumentation des Vorgehens

Das Vorgehen bei der Eignungsbeurteilung ist auf Seiten des Dienstleisters so zu dokumentieren, dass es nachvollzogen und ggf. später vergleichbar wiederholt werden kann.

Diese Forderung bezieht sich nicht nur auf den generell bei einer fundierten und wissenschaftlich abgesicherten Vorgehensweise zu erwartenden Grundsatz der Replizierbarkeit, sondern auch auf das Gebot der Fairness und Transparenz. Dies besagt nämlich, dass die für einen Bewerber oder eine (erste) Gruppe von Bewerbern gewählte Vorgehensweise auch für spätere Bewerber für die gleiche oder eine vergleichbare Position einsetzbar sein soll.

Selbstverständlich muss aber die Dokumentation nicht eine Handlungsanweisung für weniger Qualifizierte oder Laien sein. Es ist bei der Aufstellung dieser Muss-Vorschrift davon ausgegangen worden, dass der verantwortliche Eignungsdiagnostiker für eine spätere Durchführung gleich qualifiziert wie in der ursprünglichen Eignungsbeurteilung ist.

Diese Dokumentation wird wesentlich durch die Handhabungs- und (bei messtheoretisch fundierten Fragebogen und Tests) Verfahrenshinweise geleistet.

Diese Vorgabe erleichtert wesentlich den Anwenderaufwand, da diese Hinweise ja grundsätzlich schon vor einer Eignungsbeurteilung zur Verfügung stehen. Daher müssen nur solche Informationen zusätzlich dokumentiert sein, die diese Hinweise ergänzen bzw. von den Hinweisen abweichende aufgekommene Sonderfälle.

4 EIGNUNGSDIAGNOSTIK ALS KERNFUNKTION VON PERSONALMANAGEMENT

Nachfolgende Aspekte sind zu dokumentieren, soweit diese nicht bereits an anderer Stelle dokumentiert sind:

a) der zwischen Auftraggeber und Dienstleister abgestimmte Auftrag zur Eignungsbeurteilung;

Dies kann ökonomisch bei einem internen Dienstleister z. B. durch Protokolle, Mitschriften oder E-Mail-Korrespondenz abgedeckt werden, bei externen Dienstleistern werden zusätzlich in der Regel ein schriftliches Angebot und ein Auftrag vorliegen.

b) das Vorgehen bei der Anforderungsanalyse;
c) die wesentlichen Ergebnisse der Anforderungsanalyse;

Da die Anforderungsanalyse für alle weiteren Schritte im eignungsdiagnostischen Prozess die entscheidende Basis darstellt, sollte die in der DIN 33430 geforderte Dokumentation der Vorgehensweise und der abgeleiteten Ergebnisse aus Sicht der Kommentatoren möglichst detailliert erfolgen.

d) die Verfahren und deren Abfolge/Ablaufplan;

Basis für diese Dokumentation kann z. B. auch der Zeitplan der Veranstaltung sein.

e) die Zuordnung der Verfahren zu den Eignungsmerkmalen (z. B. eine Dimensions-Übungs-Matrix im Assessment-Center);

Hier enthält die Norm selbst ein Beispiel, das sicher auch für andere Formen von multimodalen Herangehensweisen eine empfehlenswerte Form der Übersicht darstellt. Auch ein erklärender Text (z. B. aus dem Angebot oder dem Ergebnisbericht) würde den Anforderungen an die Dokumentation gerecht werden.

f) die Instruktionen für die Kandidaten, soweit diese nicht an anderer Stelle (z. B. in den Handhabungs- und Verfahrenshinweisen) dokumentiert sind;

Dazu würden auch die vorher vorbereiteten Sprechzettel für die Instruktoren geeignet sein.

g) sofern Befragungen (z. B. Interviews) und/oder Verhaltensbeobachtungen durchgeführt werden: Die Antworten auf eignungsdiagnostisch relevante Interviewfragen und/oder eignungsdiagnostisch relevante Beobachtungen;

Diese Antworten werden in der Regel für die Auswertung und die Interpretation codiert vorliegen, z. B. in Form von ausgefüllten Beobachtungsformularen. Bei handschriftlichen Notizen ist darauf zu achten, dass sie möglichst leserlich sind. Das ist auch schon für die Auswertung und Interpretation nützlich.

h) sofern mehrere Personen an einer Befragung (z. B. Interview) und/oder an einer Verhaltensbeobachtung teilnehmen und gleichzeitig eine Beurteilung abgeben, so sind die Beurteilungen jedes einzelnen Bewerters für jede Kompetenz und jedes Potenzial festzuhalten;

An dieser Stelle sei darauf hingewiesen, dass allen Bewertungen jeweils Beobachtungen und entsprechende Notizen dazu vorausgehen sollten, die ebenfalls dokumentiert sein sollten. Das in der DIN 33430 geforderte Festhalten der Beurteilung jedes Interviewers und Beobachters kann Ausgangspunkt sein für die Berechnung der Interrater-Übereinstimmung.

i) Abweichungen von den Verfahrens- oder Handhabungshinweisen jeglicher Art (z. B. durch Störungen oder Verfälschungen bzw. durch intendierte Veränderungen aufgrund der Bedürfnisse von Kandidaten, die spezifische Hilfen benötigen);

Da diese Abweichungen bereits im Rahmen der Auswertung und Interpretation berücksichtigt wurden, werden dazu meist bereits protokollarische Notizen vorliegen, die zur Dokumentation ausreichend sein werden.

j) die Regeln zur Integration aller über einen Kandidaten erhobenen Informationen zu einem Eignungsurteil;

Da diese Regeln vorab definiert und dann angewendet wurden, wird es dazu bereits eine Dokumentation geben.

k) das Ergebnis der Eignungsbeurteilung.

Insbesondere wenn weitgehend zusammenfassende Ergebnisberichte verfasst werden, ist darauf zu achten, dass alle oben genannten Einzelheiten pro Bewerber dokumentiert und aufbewahrt werden. Die Dokumentation entsprechend den gesetzlichen Vorgaben muss insbesondere für den Fall aufbewahrt werden, dass eine etwaige gerichtliche Überprüfung der auf die Eignungsfeststellung folgenden Entscheidung auf alle notwendigen Detailinformationen zurückgreifen kann.

Dabei gilt grundsätzlich, dass auf alle bereits im Prozess angefertigten Dokumente und Unterlagen zurückgegriffen werden kann und es bei der Dokumentation zumeist nicht darum gehen wird, neue Dokumente zu erstellen, sondern darum zu entscheiden, was vernichtet werden kann und was aufbewahrt werden sollte. Der Hinweis, dass alle diese Informationen sensible Daten beinhalten werden und dass alle einschlägigen Vorschriften und Vereinbarungen zu beachten sind, erfolgt an dieser Stelle der guten Ordnung halber.

4.7 Evaluation

Das 8. Kapitel der DIN 33430 heißt „Evaluation/Ableitung von Verbesserungsmaßnahmen". Das Kapitel schließt erstens den in der Norm mehrfach ausgesprochenen Appell ein, Maßnahmen zur Eignungsbeurteilung, die wiederholt durchgeführt werden, so auszuführen, dass aus Erfahrungen und Erkenntnissen gelernt werden kann und die Beurteilungen immer besser werden. Zweitens wird aufgezeigt, dass auch einmalig durchgeführte Maßnahmen der Eignungsbeurteilung als Lernchance wahrgenommen werden müssen, um grundsätzliche Verbesserungspotenziale zu realisieren.

8 Evaluation/Ableitung von Verbesserungsmaßnahmen

Auftraggeber und Dienstleister müssen gemeinsam zu geeigneten Zeitpunkten eine kritische Würdigung des Vorgehens und der Verfahren vornehmen. Dies dient unter anderem der Steigerung der Effektivität und Effizienz des Vorgehens. Dabei sollten auch Wirtschaftlichkeitsbetrachtungen angesprochen werden.

In der Praxis kommt es immer wieder vor, dass Vorgehensweisen zur Routine werden, ohne dass überhaupt jemals die Aufwände und die Ergebnisse kritisch betrachtet werden. Die DIN 33430 fordert demgegenüber, „zu geeigneten Zeitpunkten eine kritische Würdigung des Vorgehens und der Verfahren" vorzunehmen. Dies ist eine Muss-Vorschrift. Allerdings lässt der Begriff der „kritischen Würdigung" bewusst Spielraum für den Detaillierungsgrad der Evaluation. Den Mitgliedern des Arbeitsausschusses war es wichtig, dass eine vom Auftraggeber und Dienstleister gemeinsam durchgeführte Evaluierung überhaupt stattfindet, wobei empfohlen wird, in die Evaluation auch Wirtschaftlichkeitsbetrachtungen einzubeziehen.

Sofern die Eignungsbeurteilung in Zukunft unter vergleichbaren Voraussetzungen erneut durchgeführt wird, sollten aus ihrer Evaluation ggf. konkrete Verbesserungsmaßnahmen abgeleitet werden. Voraussetzung für die Evaluation ist, dass die im Rahmen der Planung festgelegten Qualitätsmerkmale des Vorgehens und der Verfahren erfasst werden. Qualitätsmerkmale sind zum Beispiel:

- Grad der Erreichung der vorher festgelegten Ziele;
- Bewertung der erreichten Kosten-/Nutzenrelation;
- Grad der Nutzung der Ergebnisse der Eignungsbeurteilungen für Auswahl- und Entwicklungsentscheidungen;
- Akzeptanz des Vorgehens und der Verfahren seitens der Kandidaten;
- Akzeptanz des Vorgehens und der Ergebnisse in der Auftrag gebenden Institution;
- Verständlichkeit der Eignungsaussage und/oder Ergebnisberichte.

Anlässlich dieser Empfehlungen wird daran erinnert, dass für eine Evaluation die im Rahmen der Planung festgelegten Qualitätsmerkmale des Vorgehens und der Verfahren erfasst werden müssen und dass das Ziel einer Evaluation immer auch das Lernen ist. Es sollten also aus einer Evaluation Vorschläge für Verbesserungsmaßnahmen abgeleitet werden oder zumindest ableitbar sein. Diese Vorschläge sollten konkret, das heißt praxisnah und praktikabel sein.

Die aufgeführten möglichen Qualitätsmerkmale sind exemplarisch, sie stellen weder eine erschöpfende, noch eine verpflichtende Liste dar. Insbesondere bereits im Unternehmen etablierte, übergeordnete Key Performance Indicators sollten, wenn möglich, in diese Betrachtung einbezogen werden.

> Sofern eine große Anzahl von Kandidaten untersucht wurde, sollten zur Qualitätssicherung und -optimierung auch die im konkreten Anwendungsfall realisierte Objektivität und Zuverlässigkeit der einzelnen Verfahren sowie die Gültigkeit des gesamten Vorgehens bestimmt werden. Wurden diese Prüfungen in den letzten 8 Jahren nicht durchgeführt, muss begründet werden, warum das Vorgehen und die Verfahrensauswahl dennoch beibehalten wird.

An dieser Stelle nutzen die Autoren der DIN 33430 ihre Ausführungen zur Evaluation, um noch einmal ihre Sichtweise auf die Gütekriterien transparent zu machen. Die DIN 33430 formuliert hier, dass die Reliabilität und die Objektivität von einzelnen Verfahren in der Anwendung der Eignungsbeurteilung erfasst werden können und auch erfasst werden sollten. Die Gültigkeit (prognostische Validität im Kontext der Auswahl von Mitarbeitern) sollte sinnvollerweise für das gesamte Vorgehen bestimmt werden.

Derartige Bestimmungen sollten zumindest einmal in acht Jahren durchgeführt werden. Einzelnen Mitgliedern des Arbeitsausschusses war dieser Zeitraum zu lang. Da es aber keine natürliche Zeitspanne gibt, die sich als Maßstab anbietet, wird eine Festlegung immer willkürlich bleiben. Man einigte sich auf acht Jahre und legte fest, dass das Versäumen der Kontrolle und Bestimmung von Gütekriterien in diesem Zeitraum ausdrücklich zu begründen sei. Dieser Zeitraum erschien komfortabel, um eine Maßnahme zu planen, in Pilotdurchführungen zu erproben, nach einigen Jahren Erfahrung ggf. mit Feinjustierungen fest zu etablieren und anschließend die Gütekriterien zu bestimmen.

> Sofern mehrere Personen an einer Befragung (z. B. Interview) und/oder an einer Verhaltensbeobachtung teilnehmen und eine Beurteilung abgeben, sollte der Grad der Übereinstimmung zwischen den beurteilenden Personen für jedes zu beurteilende Eignungsmerkmal bestimmt werden.

Diese Empfehlung fällt unter die fast selbstverständlichen Kontrollmaßnahmen, die notwendig sind, um festzustellen, ob man überhaupt ein abgestimmtes Vorgehen hat, in dem mehrere Beobachter gemeinsam nach einheitlichem Verständnis und nach einheitlichen, anforderungsbezogenen Maßstäben beobachten und beurteilen.

> Sofern Verfahren eingesetzt werden, die von Dritten entwickelt wurden (z. B. Fragebogen und Tests), sollten nach Möglichkeit anonymisierte/pseudonymisierte Daten für die Verfahrenspflege (z. B. Normierung) und Evaluation auch den Verfahrensentwicklern sowie Forschern zur Verfügung gestellt werden.

Ein diesem Appell entsprechendes Vorgehen stellt die Voraussetzung dafür dar, dass Testautoren ihre Verfahren in realen Situationen überprüfen und weiterentwickeln können. Die Kommentatoren möchten an dieser Stelle ein solches Vorgehen und eine solche Kooperation zwischen Verfahrensautoren und Anwendern ausdrücklich ermutigen.

Auch die Erfassung von Leistungsdaten, die notwendig sind, um die prognostische Validität überhaupt ermittelbar zu machen, ist den Mehraufwand auf jeden Fall wert. Die Erfahrung der Kommentatoren und aktuelle Forschungsergebnisse zeigen immer deutlicher, dass Leistung und Erfolg in manchen Unternehmen und Organisationen voneinander entkoppelt sind. Daher sind subjektive Beurteilungen oder reine Erfolgskriterien wie Steigerung des individuellen Einkommens oder Schnelligkeit im hierarchischen Aufstieg für die Erforschung prognostischer Validität nicht so geeignet wie harte Leistungsmaße.

5 Verantwortlichkeiten und Rollen

Neben den in der Norm definierten sollen hier noch einige weitere Rollen genannt werden, die ebenfalls eine wichtige Funktion für das Gelingen oder die Relevanz von eignungsdiagnostischen Maßnahmen haben.

5.1 Der Auftraggeber

Der Auftraggeber ist in seiner Personalentscheidung frei. Er entscheidet und berücksichtigt dabei die ihm zur Verfügung gestellten Eignungsbeurteilungen, soweit er es für richtig hält und soweit sie in die für ihn wichtigen übergeordneten oder äußeren Rahmenbedingungen passen.

5.2 Fachliche Experten für die Anforderungen

Das können Vorgesetzte, Stelleninhaber, Personen in Schnittstellenfunktionen mit der zu besetzenden Position oder andere Personen mit Kenntnissen der Aufgaben, Tätigkeiten und Rahmenbedingungen sein. Ohne Quellen, die Aussagen über die Anforderungen machen können, oder ohne die Gelegenheit, Anforderungen in Beobachtungen oder teilnehmenden Beobachtungen ermitteln zu können, entbehrt Eignungsdiagnostik einer wesentlichen Grundlage. Selbstverständlich gibt es generische Anforderungsprofile und auf Validitätsgeneralisierung basierende Vorgehensweisen, aber eine Vorgehensweise, die auf der klaren Erfassung der Anforderungen basiert, wird in den meisten Anwendungsfällen vergleichbaren Ansätzen ohne spezifizierte Anforderungen überlegen sein. Der am meisten praktizierte und leichtgängigste Weg zum Erfassen der Anforderungen ist die Befragung entsprechender Experten (auch wenn diese Herangehensweise nicht die einzig verwendete Methode der Anforderungsanalyse sein sollte, siehe hierzu auch Kommentar-Kapitel 4.1.2 „Anforderungsanalyse"). An diese Experten werden keine Qualifikationsanforderungen gestellt, außer der impliziten, dass sie die Tätigkeit oder Aufgabe, um die es geht, kennen und gemäß den Fragen des verantwortlichen Eignungsdiagnostikers beschreiben können.

Auch der Auftraggeber gibt häufig selbst Auskunft zu der zu besetzenden Stelle. Er würde in diesen Momenten aber nicht als Auftraggeber, sondern als Experte agieren und müsste selbst auch dementsprechend befragt werden. Ggf. müssten seine spontanen Aussagen während der Auftragsklärung im Rahmen der Anforderungsanalyse vertiefend hinterfragt werden. Generell empfiehlt es sich, mehrere Experten für die Anforderungen der Zielposition unabhängig voneinander zu befragen.

An die im engeren Sinne an der Eignungsbeurteilung beteiligten Personen stellt die DIN 33430 eine Reihe expliziter Anforderungen.

9 Anforderungen an die Qualifikation der an der Eignungsbeurteilung beteiligten Personen

9.1 Allgemeines

Die vorliegende Norm unterscheidet zwischen (verantwortlichen) Eignungsdiagnostikern und mitwirkenden Personen (Beobachter), die an Verfahren zur Verhaltensbeobachtung und/oder an direkten mündlichen Befragungen (z. B. Eignungsinterviews) beteiligt sind. Die Qualifikation weiterer Assistenzkräfte (z. B. für die Eingangssichtung der Bewerbungen, Durchführung von hochstandardisierten Gruppentestungen) ist nicht Gegenstand der Norm, muss aber dennoch durch den Dienstleister sichergestellt werden.

Auch wenn z. B. der Auftraggeber selbst mitwirkende Person ist, werden an ihn in dieser Rolle Anforderungen gestellt.

5.3 Assistenzkräfte

Die Qualifikation von Assistenzkräften muss durch den Dienstleister sichergestellt werden. Dies kann im Rahmen des Vorgehens durch Briefings und/oder die Vermittlung von festen Vorgaben wie Durchführungs- und/oder Auswerteregeln u. Ä. erfolgen. Im Briefing oder in der Einweisung sollten auch Kontrollfragen enthalten sein, die das Verständnis der Instruktionen und Vorgaben sicherstellen. Der Dienstleister muss dies für sein eigenes Personal und für die gegebenenfalls vom Auftraggeber zur Verfügung gestellten Mitarbeiter leisten. Die Verantwortung trägt der verantwortliche Diagnostiker, der mindestens entsprechende formale Vorgaben macht, bestenfalls auch die Überprüfung standardisiert gestaltet.

ANMERKUNG Wenn an Verhaltensbeobachtungen/-beurteilungen oder direkten mündlichen Befragungen Personen mitwirken, die ausschließlich fachliche Kenntnisse und Fertigkeiten beurteilen sollen, werden an sie keine Qualifikationsanforderungen nach Abschnitt 9 gestellt.

Solche mitwirkenden Personen sind grundsätzlich von Qualifikationsmaßnahmen freigestellt, trotzdem ist aus Sicht der Kommentatoren dringend zu empfehlen, dass der verantwortliche Eignungsdiagnostiker sicherstellt, dass die Experten sich in den Kontaktsituationen mit den Kandidaten nicht kontraproduktiv verhalten. In der Praxis sind Linienvorgesetzte oder andere im Interview eingesetzte Experten häufig nicht in der Lage, suggestionsfreie Fragen zu stellen. Sie haben viel zu hohe Redeanteile und erklären oftmals erst ihre eigenen Gedanken sehr ausführlich, um dann Bestätigungsfragen zu stellen. Im geschilderten Fall würde lediglich eine Verweigerung dieser Bestätigung seitens des Kandidaten eine diagnostisch verwertbare Information enthalten.

Daher bietet es sich an, mit allen Personen, die eine Funktion in Gesprächen oder bei situativen Übungen einnehmen, vorher nicht nur die Abläufe und Fragen abzustimmen, sondern auch ihren Einsatz und das Zusammenspiel zu üben.

5.4 Verantwortlicher Eignungsdiagnostiker und Eignungsdiagnostiker

Nach der Auftragsklärung liegt die fachliche Verantwortung für den gesamten Prozess und den Einsatz der Verfahren beim verantwortlichen Eignungsdiagnostiker, der die Eignungsuntersuchung auch im Detail plant. Zu seiner Rolle führt die DIN 33430 bereits im Kapitel Auftragsklärung (3.1) aus:

> Der verantwortliche Eignungsdiagnostiker[20] ist im Auftrag des Dienstleisters verantwortlich für die Planung und Durchführung des gesamten Eignungsbeurteilungsprozesses, die Auswertung und Interpretation der Ergebnisse sowie für den Bericht an den Auftraggeber.

Beim Dienstleister muss es nach der Norm diese festgelegte Person geben, die qualifiziert jeden Schritt und alle Dimensionen des eignungsdiagnostischen Prozesses verantwortet und der Ansprechpartner für den Auftraggeber in allen für den Gesamtprozess erfolgskritischen Dimensionen ist. Der verantwortliche Diagnostiker kann bestimmte Elemente des Prozesses gar nicht oder nur an ebenso qualifizierte Fachexperten delegieren.

---

20 Begriffsdefinition in DIN 33430:

> **2.18 Verantwortlicher Eignungsdiagnostiker**
> Eignungsdiagnostiker, der den gesamten Eignungsbeurteilungsprozess gegenüber dem Auftraggeber, Dienstleister und den Kandidaten verantwortet
> Anmerkung 1 zum Begriff: Dabei kann er von anderen Eignungsdiagnostikern – die in diesem Projekt nicht die Hauptverantwortung tragen – sowie von Beobachtern und anderen mitwirkenden Personen unterstützt werden.

So schreibt die Norm zur Delegationskompetenz des verantwortlichen Diagnostikers vor:

> Er kann Verantwortungen und Aufgaben delegieren. Die Verantwortungen für die folgenden Aufgaben dürfen nur an Eignungsdiagnostiker, nicht an Beobachter oder andere Mitwirkende delegiert werden:
> a) die Erstellung der Anforderungsanalyse mit der Festlegung der Eignungsmerkmale und deren Ausprägungen;
> b) die Auswahl und Zusammenstellung von Verfahren;
> c) die Planung der Eignungsuntersuchung;
> d) die Festlegung der Auswertungsregeln;
> ANMERKUNG 2 Hierbei geht es z.b. darum festzulegen, wie den einzelnen Eignungsmerkmalen Skalenwerte zugeordnet werden und ob und wie einzelne erhobene Werte zu einem Gesamtwert zusammengefasst werden.
> e) die Festlegung der Regeln für die Ergebnisinterpretation;
> ANMERKUNG 3 Hierbei geht es um Fragen wie z.b. ab welchem Skalenwert eines einzelnen Eignungsmerkmals und/oder des Gesamturteils von welcher Eignungsausprägung ausgegangen wird, ob und wie Cut-off-Werte und Kompensationsmöglichkeiten vorgesehen werden.
> f) die Festlegungen zur Dokumentation und Archivierung der Ergebnisse;
> g) die Erstellung des Ergebnisberichtes;
> h) die Fachaufsicht über die Beobachter und andere mitwirkende Personen.
> Erfolgen Teile der oben genannten Aufgaben automatisiert, so trägt der verantwortliche Eignungsdiagnostiker die Verantwortung für deren fachliche Angemessenheit.

Aufgrund der Verantwortung des verantwortlichen Eignungsdiagnostikers im Gesamtprozess empfehlen die Kommentatoren, diesen bereits bei der Auftragsklärung hinzuzuziehen, sofern Dienstleister und verantwortlicher Eignungsdiagnostiker nicht eine Person sind.

9.2 Qualifikationsanforderungen an Eignungsdiagnostiker und verantwortliche Eignungsdiagnostiker

Eignungsdiagnostiker und verantwortlicher Eignungsdiagnostiker gleichen sich in ihrer Qualifikation. Der Unterschied liegt in der definierten Rolle für eine Eignungsuntersuchung oder eine Klasse von Eignungsuntersuchungen.

Die Anforderungen beziehen sich im Wesentlichen auf die Inhalte, die relevant für die Erstellung einer Anforderungsanalyse, die Planung der Vorgehensweise, die Auswahl und Zusammenstellung von Verfahren unterschiedlicher Verfahrenskategorien und die Planung und Aufsicht über die Durchführung sowie die Evaluation sind. Darüber hinaus müssen die Diagnostiker Kenntnisse und Einblicke in die Rahmenbedingungen ihrer Tätigkeit haben, vom rechtlichen Rahmen bis zu den wirtschaftlichen und organisatorischen Zusammenhängen, innerhalb derer sie agieren.

Die meisten der aufgelisteten Themen sind entweder allgemeinverständlich oder lassen sich aus den entsprechenden Inhalten der DIN 33430 ableiten. Einige sind jedoch sehr fachspezifisch. Ausführungen zu diesen besonders fachspezifischen Qualifikationsanforderungen, die diese vollständig allgemeinverständlich erklären, würden jedoch den Rahmen dieses Kommentars sprengen. Da Eignungsdiagnostik eine Aufgabenstellung ist, bei der es im Kern um die Erfassung von Menschen, ihren Kenntnissen, ihren Potenzialen und ihren Verhaltensvorlieben, Motiven, Neigungen und Interessen sowie um die Prognose ihres Verhaltens und ihrer Leistung geht, liegt ganz selbstverständlich ein Schwerpunkt der Qualifikation auf psychologischen Inhalten und Methoden. Denn die Psychologie ist die Wissenschaft vom menschlichen Verhalten, vom Denken, Wahrnehmen, Lernen, Erinnern sowie von Emotionen und Motivation. Daher liegt diese Fachspezifität in der Natur der Sache.

In der Vergangenheit geäußerte Kritik, dass es sich bei der DIN 33430 um ein Dokument handle, das Psychologen bevorzugen würde, weisen die Kommentatoren hier ausdrücklich zurück. Niemand würde kritisieren, dass zum Brotbacken Kenntnisse und Erfahrungen eines Bäckers nützlich sind oder dass beim Reparieren von elektrischen Schaltungen oder beim Verständnis zusammenfassender Erklärungen zu diesem Thema Elektrotechniker einen Vorteil haben.

Die Norm leistet das genaue Gegenteil der Bevorzugung von Psychologen: Sie macht die Leistungen, die zu einer guten Eignungsdiagnostik notwendig sind, für alle transparent und klärt dadurch auf. Die Auflistung der geforderten Qualifikationen ermöglicht es im Übrigen auch, dass fachlich geeignete Dienstleister entsprechende Schulungen anbieten und eine Qualifizierung – selbstverständlich auch für Nicht-Psychologen – vornehmen können.

Die psychologischen Grundlagen der Eignungsdiagnostik reichen als Rüstzeug allerdings nicht aus. Darüber hinaus sind Grundkenntnisse der wirtschaftlichen und organisatorischen Zusammenhänge, in denen Eignungsdiagnostik stattfindet, bzw. die Anwendung der gültigen rechtlichen Regelwerke unverzichtbar. Die DIN 33430 kommt dem in ihrer aktuellen Fassung nach.

EIGNUNGSDIAGNOSTIK

Dabei führt sie aus, dass Kenntnisse allein nicht ausreichen. Es müssen auch Erfahrungen in der Praxis gemacht worden sein, mit einer qualitätssichernden Anleitung und Supervision.

Im Einzelnen fordert die DIN 33430 für Eignungsdiagnostiker und verantwortliche Eignungsdiagnostiker:

> Eignungsdiagnostiker und verantwortliche Eignungsdiagnostiker müssen fundierte Kenntnisse über Eignungsbeurteilungen sowie über Eignungsmerkmale haben. Sie benötigen fundierte Kenntnisse und angeleitete Praxiserfahrungen in Anforderungsanalysen, der Entwicklung, Planung, Gestaltung und kontrollierten Durchführung, Auswertung und Interpretation von Verfahren zur Eignungsbeurteilung sowie deren Evaluation (9.2 a) bis f)).
>
> Sie müssen die zur Beantwortung der Fragestellung verfügbaren Verfahrenskategorien und Prozesse sowie deren Vor- und Nachteile sowie Einsatzvoraussetzungen kennen. Sie müssen Qualitätsstandards und qualitätssichernde Maßnahmen kennen und einhalten sowie die rechtlichen Rahmenbedingungen berücksichtigen.
>
> a) Für die fachgerechte Erarbeitung von Anforderungsanalysen sind Kenntnisse notwendig über:
> - Methoden der Arbeits- und Anforderungsanalyse;
> - Verfahren zur Darstellung der Ergebnisse in Form eines Anforderungsprofils;
> - Methoden zur Operationalisierung von Eignungsmerkmalen;
> - die Abhängigkeit der Ergebnisse der Anforderungsanalyse von Stereotypen (z. B. Geschlecht, Alter, Herkunft);
> - die Kulturabhängigkeit von Anforderungen (um zu vermeiden, dass nur Angehörige einer bestimmten Kultur den Anforderungen gerecht werden können).
>
> b) Für die fachgerechte Nutzung von Verfahren sind Kenntnisse notwendig über:
> - Verfahren der Eignungsbeurteilung sowie ihre Möglichkeiten und Grenzen;
> - statistisch-methodische Grundlagen (für die Auswahl von Verfahren sowie zur Evaluation);
> - klassische Testtheorie und Item-Response-Theorien (für die Auswahl von Verfahren und deren Interpretation sowie zur Evaluation);

- Konstruktionsgrundlagen (für die Auswahl von Verfahren und die Interpretation);
- Einsatzmöglichkeiten (für die Auswahl von Verfahren);
- Durchführungsbedingungen;
- Gütekriterien (für die Auswahl von Verfahren und die Interpretation der Verfahrensergebnisse);
- die Erstellung des Ergebnisberichtes;
- Evaluationsmethoden einschließlich Kosten-Nutzen-Aspekten.

c) Für die fachgerechte Eignungsbeurteilung sind Kenntnisse notwendig über:
- verschiedene Vorgehensweisen und Strategien in der Eignungsbeurteilung;
- Beurteilungsprozeduren (verfahrens- und prozessbezogen);
- Kenntnisse der Ergebnisse einschlägiger Evaluationsstudien;
- Abschätzung der Prognosegüte von berufsbezogenen Eignungsbeurteilungen und darauf aufbauenden Entscheidungen unter Berücksichtigung der jeweiligen Rahmenbedingungen (Anteil geeigneter Kandidaten und Auswahlquote).

d) Für die fachgerechte Durchführung von Verhaltensbeobachtungen und -beurteilungen sind Kenntnisse notwendig über:
- Verständnis des Begriffs „Beobachtung";
- Systematik der Beobachtung;
- Definition und Abgrenzung von Beobachtungseinheiten;
- Registrierung und Dokumentation der Beobachtungen;
- Auswertung/Bewertung der Beobachtungen;
- Bezugsmaßstab für die Einschätzung von Skalenausprägungen;
- die Kulturabhängigkeit von Verhalten und Anforderungen;
- die Abhängigkeit der Eignungsbeurteilung von Stereotypen (z. B. Geschlecht, Alter, Herkunft);
- Rating-/Skalierungsverfahren;
- Formen der Urteilsbildung (statistisch und nicht-statistisch);
- Beobachtungsfehler/-verzerrungen;
- Selbstdarstellungsstrategien;
- Gruppenprozesse bei der Urteilsbildung (z. B. Konformitätsdruck, Gehorsam).

e) Für die fachgerechte Durchführung von direkten mündlichen Befragungen sind Kenntnisse notwendig über:
   - Interviewklassifikationen;
   - Handhabung von Interviewleitfäden;
   - die Abhängigkeit der Eignungsbeurteilung von Stereotypen (z. B. Geschlecht, Alter, Herkunft);
   - die Kulturabhängigkeit von Verhalten und Anforderungen;
   - Fragetechniken, Formulierungstechniken;
   - Beobachtungs- und Beurteilungsfehler;
   - Selbstdarstellungsstrategien;
   - Interviewbezogene Beurteilungskriterien;
   - rechtliche Zulässigkeit von Fragen.

f) Es sind Kenntnisse notwendig über:
   - Kostenabschätzung für einzelne Module der Eignungsbeurteilung sowie Kosten-Nutzen-Rechnungen (Grundkenntnisse);
   - rechtliche Rahmenbedingungen, Datenschutz (z. B. Allgemeines Gleichbehandlungsgesetz (AGG), Betriebsverfassungsgesetz (BetrVerfG), Bundesdatenschutzgesetz (BDSG) und andere in den für die Eignungsbeurteilungen einschlägigen Ausschnitten) (Grundkenntnisse);
   - Organisationsstrukturen von Auftraggebern (Grundkenntnisse);
   - Schul-, Hochschul- und Ausbildungsabschlüsse und relevante Veränderungen (Grundkenntnisse);
   - die Inhalte dieser Norm.

5.5 Beobachter in situativen Übungen

Darüber hinaus formuliert die DIN 33430 Anforderungen an die Personen, die als Beobachter oder Co-Interviewer in Verhaltensbeobachtungen oder Interviews teilnehmen, z. B. im Rahmen von Assessment-Centern. Sie werden alle als „Beobachter" bezeichnet. Die DIN 33430 unterscheidet allgemeine Anforderungen, die für die Teilnahme an Verhaltensbeobachtungen und die Teilnahme an Interviews gelten, und zusätzliche, für beide Verfahrenskategorien spezifische Anforderungen.

Die Qualifikationsanforderungen, die sich im Wesentlichen auf Details und Aspekte einer spezifischen Eignungsbeurteilung beziehen (Kenntnisse der interessierenden Eignungsmerkmale, angeleitete Praxiserfahrung in der Durchführung von Verhaltensbeobachtungen oder Interviews, rechtliche Rahmenbedingungen, Kenntnis des konkreten Anforderungsprofils), werden in der Regel in Form von Beobachterschulungen bzw. Interviewtrainings im Rahmen einer Maßnahme zur Eignungsbeurteilung vermittelt. Diese sind im Kapitel 9.3.1 Allgemeines aufgeführt:

9.3 Qualifikationsanforderungen an Beobachter

9.3.1 Allgemeines

Beobachter müssen Kenntnisse über Eignungsbeurteilungen sowie über die Eignungsmerkmale besitzen, die in der konkreten Eignungsbeurteilung eine Rolle spielen, an der der Beobachter beteiligt ist. Zudem sollten Beobachter – soweit möglich – angeleitete Praxiserfahrungen in der kontrollierten Durchführung von Verfahren zur Eignungsbeurteilung aufweisen. Sie müssen Qualitätsstandards und qualitätssichernde Maßnahmen einhalten sowie die rechtlichen Rahmenbedingungen berücksichtigen.

Es werden zudem die folgenden Kenntnisse erwartet:

- Kenntnisse über die Ergebnisse der Arbeits- und Anforderungsanalyse, die der konkreten Eignungsbeurteilung, an der der Beobachter beteiligt ist, zugrunde liegt. Zu diesen Ergebnissen gehören das Anforderungsprofil und die Operationalisierung der Eignungsmerkmale.

Darüber hinaus formuliert die DIN 33430 spezifische Qualifikationsanforderungen für die Teilnahme an Verhaltensbeobachtungen und -beurteilungen. Auch diese können im Rahmen einer detaillierten Beobachterschulung im Kontext einer spezifischen Eignungsfeststellungsmaßnahme oder im Rahmen von allgemeinen Qualifizierungsmaßnahmen erworben werden.

9.3.2 Qualifikationsanforderungen an Beobachter, die an Verhaltensbeobachtungen und -beurteilungen beteiligt sind

Wer als Beobachter an der Durchführung und Auswertung von Verhaltensbeobachtungen beteiligt ist, benötigt zusätzlich Kenntnisse über die im Folgenden aufgeführten Themenbereiche. Dabei ist es hinreichend, wenn sich die genannten Kenntnisse auf die konkrete Umsetzung in der jeweiligen Eignungsbeurteilung beziehen.

Es sind Kenntnisse notwendig über:
- Verständnis des Begriffs „Beobachtung";
- Systematik der Beobachtung;
- Definition und Abgrenzung von Beobachtungseinheiten;
- Registrierung und Dokumentation der Beobachtungen;
- Auswertung/Bewertung der Beobachtungen;
- Bezugsmaßstab für die Einschätzung von Skalenausprägungen;
- die Kulturabhängigkeit von Verhalten und Anforderungen;
- die Abhängigkeit der Eignungsbeurteilung von Stereotypen (z. B. Geschlecht, Alter, Herkunft);
- Rating-/Skalierungsverfahren;
- Beobachtungsfehler/-verzerrungen;
- Selbstdarstellungsstrategien;
- Gruppenprozesse bei der Urteilsbildung (z. B. Konformitätsdruck, Gehorsam).

5.6 Co-Interviewer bzw. Beobachter in einem Interview

In Einstellungsinterviews kann man viel falsch machen und dementsprechend gibt es viele nützliche Tipps und Techniken der Interviewführung. Diese können im Rahmen eines ausführlichen Interviewtrainings im Kontext einer spezifischen Eignungsfeststellungsmaßnahme oder im Rahmen von allgemeinen Qualifizierungsmaßnahmen eingeübt werden.

9.3.3 Qualifikationsanforderungen an Beobachter, die an direkten mündlichen Befragungen beteiligt sind

Wer als Beobachter an der Durchführung und Auswertung von direkten mündlichen Befragungen (z. B. Eignungsinterviews) beteiligt ist, benötigt zusätzlich Kenntnisse über die im Folgenden aufgeführten Themenbereiche. Dabei ist es hinreichend, wenn sich die genannten Kenntnisse auf die konkrete Umsetzung in der jeweiligen Eignungsbeurteilung beziehen.

Es sind Kenntnisse notwendig über:
- Interviewklassifikationen;
- Handhabung von Interviewleitfäden;

5 VERANTWORTLICHKEITEN UND ROLLEN

- die Kulturabhängigkeit von Verhalten und Anforderungen;
- die Abhängigkeit der Eignungsbeurteilung von Stereotypen (z. B. Geschlecht, Alter, Herkunft);
- Fragetechniken, Formulierungstechniken;
- Beobachtungs- und Beurteilungsfehler;
- Selbstdarstellungsstrategien;
- Interviewbezogene Beurteilungskriterien;
- rechtliche Zulässigkeit von Fragen.

6 Rechtliche Rahmenbedingungen

Die Kommentatoren sind keine Juristen und erteilen auch keinen juristischen Rat. An dieser Stelle soll lediglich ein allgemeiner einführender Überblick über allgemein bekannte rechtliche Rahmenbedingungen im Kontext von Eignungsbeurteilungen gegeben werden, die im Normtext angeführt sind. Dabei wird, ebenso wie in der DIN 33430 selbst, keine Vollständigkeit der Nennung aller in allen Spezialfällen relevanten rechtlichen Regelungen angestrebt.

Tabelle 1 zeigt, an welchen Stellen der Norm auf Rechtsfragen hingewiesen wird.

Tabelle 1: Verweise auf Rechtsfragen in der Norm

Kapitel der Norm	Text
1 Anwendungsbereich	„Gefährdungsanalysen nach § 5 Arbeitsschutzgesetz sind nicht Gegenstand dieser Norm."
5.2 Allgemeine verfahrensunabhängige Anforderungen	„Bei der Frage, wie nach Abschluss der Eignungsbeurteilung mit den für die Eignungsbeurteilung gesammelten Daten und Dokumenten (z. B. Bewerbungsunterlagen, Ergebnisse in messtheoretisch fundierten Fragebogen und Tests usw.) umzugehen ist, sind die aktuell gültigen gesetzlichen Regelungen zu beachten."
5.3.1 Anforderungen an die Dokumentenanalyse	„Es dürfen nur anforderungs- und berufsbezogene Informationen aus rechtlich zulässigen und glaubwürdigen Quellen verwendet werden."
5.3.2.3 Anforderungen an direkte mündliche Befragungen	„Bei der Vorbereitung und Durchführung eines Interviews sind die aktuell gültigen gesetzlichen Regelungen und die aktuell gültige Rechtsprechung bezüglich der zulässigen Fragen bzw. Fragenbereiche zu beachten."
6 Durchführung, Auswertung, Interpretation und Urteilsbildung	„Hinsichtlich der Durchführung der Eignungsuntersuchung, der Auswertung der Verfahren, der Interpretation der Verfahrensergebnisse und der darauf basierenden Urteilsbildung sind etwaige gesetzliche Vorgaben (z. B. Datenschutz, Schweigepflicht) einzuhalten."

6 RECHTLICHE RAHMENBEDINGUNGEN

Kapitel der Norm	Text
6.2 Durchführung der Eignungsuntersuchung	„Sofern urheberrechtlich geschützte Materialien verwendet werden, müssen aus urheberrechtlichen Gründen die Originalmaterialien verwendet werden."
9.2 Qualifikationsanforderungen an Eignungsdiagnostiker und verantwortliche Eignungsdiagnostiker	„Eignungsdiagnostiker und verantwortliche Eignungsdiagnostiker müssen Qualitätsstandards und qualitätssichernde Maßnahmen kennen und praktisch einhalten sowie die rechtlichen Rahmenbedingungen berücksichtigen."
9.2 e) Qualifikationsanforderungen an Eignungsdiagnostiker und verantwortliche Eignungsdiagnostiker	„Für die fachgerechte Durchführung von direkten mündlichen Befragungen sind Kenntnisse notwendig über [...] rechtliche Zulässigkeit von Fragen."
9.2 f) Qualifikationsanforderungen an Eignungsdiagnostiker und verantwortliche Eignungsdiagnostiker	„Es sind Kenntnisse notwendig über [...] rechtliche Rahmenbedingungen, Datenschutz (z. B. Allgemeines Gleichbehandlungsgesetz (AGG), Betriebsverfassungsgesetz (BetrVG), Bundesdatenschutzgesetz (BDSG) und andere in den für die Eignungsbeurteilungen einschlägigen Ausschnitten) (Grundkenntnisse)."
9.3 Qualifikationsanforderungen an Beobachter	„Sie müssen Qualitätsstandards und qualitätssichernde Maßnahmen einhalten sowie die rechtlichen Rahmenbedingungen berücksichtigen können."
9.3.3 – Qualifikationsanforderungen an Beobachter, die an direkten mündlichen Befragungen beteiligt sind	„Es sind Kenntnisse notwendig über [...] rechtliche Zulässigkeit von Fragen."

In Tabelle 1 werden als Gesetze explizit genannt:
- Allgemeines Gleichbehandlungsgesetz (AGG),
- Betriebsverfassungsgesetz (BetrVerfG) und das
- Bundesdatenschutzgesetz (BDSG).

Im BetrVG ist in Bezug auf Eignungsbeurteilungen geregelt:
- „Personalfragebogen bedürfen der Zustimmung des Betriebsrats" (§ 94 Abs. 1, S. 1).

- „Richtlinien über die personelle Auswahl bei Einstellungen, Versetzungen, Umgruppierungen und Kündigungen bedürfen der Zustimmung des Betriebsrats" (§ 95 Abs. 1, S. 1).

Jedoch findet nach § 130 BetrVG dieses keine Anwendung auf Verwaltungen und Betriebe des Bundes, der Länder, der Gemeinden und sonstiger Körperschaften, Anstalten und Stiftungen des öffentlichen Rechts. Diese haben ihr eigenes Recht: das Bundespersonalvertretungsgesetz (BPersVG) bzw. die Landespersonalvertretungsgesetze. In § 68 BPersVG sind die allgemeinen Aufgaben der Personalvertretung geregelt, nach § 75 BPersVG hat der Personalrat mitzubestimmen in Personalangelegenheiten der Arbeitnehmer bei „Einstellung" u. a. und nach § 76 BPersVG der Beamten bei „Einstellung, Anstellung".

Rechtlich relevant ist auch das im August 2006 in Kraft getretene Allgemeine Gleichbehandlungsgesetz (AGG; BGBl. I, 1897). § 11 AGG enthält das Gebot der neutralen Stellenausschreibung. Ein Arbeitsplatz darf nicht unter Verstoß gegen § 7 Abs. 1 AGG ausgeschrieben werden, Beschäftigte dürfen demnach nicht wegen eines in § 1 AGG genannten Grundes benachteiligt werden, wobei nach § 6 Abs. 1 Satz 2 AGG auch Bewerber als Beschäftigte gelten. Die Stellenausschreibung kann vor der Planung der berufsbezogenen Eignungsbeurteilungen erfolgt sein oder danach formuliert werden.

Wird eine Stellenausschreibung unter Verstoß gegen § 11 AGG vorgenommen, so ist dieser Verstoß einer des Auftraggebers/Arbeitgebers (und nicht des Eignungsdiagnostikers). Der verantwortliche Eignungsdiagnostiker ist häufig kein Arbeitgeber im Sinne des Gesetzes und daher gilt für ihn nicht der Anwendungsbereich des § 6 Abs. 2 AGG. Das Fragerecht des Auftraggebers ist also ebenso eingeschränkt wie das des Eignungsdiagnostikers: Tatbestände, die er bei der Einstellungsentscheidung nicht berücksichtigen darf (s. folgende Tabelle), dürfen auch nicht erfragt werden. Daher braucht der Bewerber nur zulässige Fragen zu beantworten und kann auf unzulässige Fragen sogar willentlich eine falsche Antwort geben.

Es gilt also, dass auch bei Einschaltung von externen Auftragnehmern der Auftraggeber bei einer Diskriminierung haftet. Ein Externer, der die Richtlinien des AGG nicht umsetzt, wird nicht selbst zur Rechenschaft gezogen werden. Also sollte ein Auftraggeber hier klare schriftliche Vereinbarungen treffen. Grundsätzlich kann eine Versicherung eines externen Dienstleisters, dass er im eignungsdiagnostischen Prozess normkonform vorgeht, die Rechtssicherheit für den Auftraggeber deutlich erhöhen.

Beachtet der externe Dienstleister die DIN 33430, kann der Auftraggeber davon ausgehen, dass dem AGG in jeder Phase der Eignungsbeurteilung Genüge getan wird, denn die DIN nennt u. a. Anforderungen an diagnostische Verfahren, externe Dienstleister sowie Qualitätskriterien für die Vorgehensweise bei berufsbezogenen Eignungsbeurteilungen. Sie sind für eine AGG-sichere Personalauswahl besonders relevant.

Art. 3 Abs. 3 GG ist das Grundrecht des Staats: „Niemand darf wegen seines Geschlechtes, seiner Abstammung, seiner Rasse, seiner Sprache, seiner Heimat und Herkunft, seines Glaubens, seiner religiösen oder politischen Anschauungen benachteiligt oder bevorzugt werden. Niemand darf wegen seiner Behinderung benachteiligt werden."

Das AGG formuliert in seinem § 1: „Ziel des Gesetzes ist, Benachteiligungen aus Gründen der Rasse oder wegen der ethnischen Herkunft, des Geschlechts, der Religion oder Weltanschauung, einer Behinderung, des Alters oder der sexuellen Identität zu verhindern oder zu beseitigen."

§ 75 Abs. 1 BetrVG als ausschließlich arbeitsrechtliche Vorschrift bindet nur Arbeitgeber und Betriebsrat (nicht aber Arbeitnehmer): „Arbeitgeber und Betriebsrat haben darüber zu wachen, dass alle im Betrieb tätigen Personen nach den Grundsätzen von Recht und Billigkeit behandelt werden, insbesondere, dass jede Benachteiligung von Personen aus Gründen ihrer Rasse oder wegen ihrer ethnischen Herkunft, ihrer Abstammung oder sonstigen Herkunft, ihrer Nationalität, ihrer Religion oder Weltanschauung, ihrer Behinderung, ihres Alters, ihrer politischen oder gewerkschaftlichen Betätigung oder Einstellung oder wegen ihres Geschlechts oder ihrer sexuellen Identität unterbleibt."

Tabelle 2: Benachteiligungsverbot nach Art. 3 Abs. 3 GG; § 1 AGG und § 75 Abs. 1 BetrVG

Benachteiligungsverbot	Art. 3 Abs. 3 GG	§ 1 AGG	§ 75 Abs. 1 BetrVG
Alter		+	+
Abstammung	+		+
Behinderung	+	+	+
Ethnische Herkunft		+	+
Sonstige Herkunft			+
Glaube	+		
Heimat und Herkunft	+		
Geschlecht	+	+	+

Benachteiligungsverbot	Art. 3 Abs. 3 GG	§ 1 AGG	§ 75 Abs. 1 BetrVG
Nationalität			+
Politische Anschauungen	+		
Politische oder gewerkschaftliche Betätigung oder Einstellung			+
Rasse	+	+	+
Religion		+	+
Religiöse Anschauungen	+		
Sexuelle Identität		+	+
Sprache	+		
Weltanschauung		+	+

Sowohl bei der Ausschreibung der zu besetzenden Stelle, der Analyse der Bewerbungsunterlagen, den Interviews und Gesprächen mit den Kandidaten und der Auswahlentscheidung sind die Diskriminierungsverbote zu beachten.

Auch bei der Analyse von Bewerbungsunterlagen – und später bei der Vorstellung – kann es zu Benachteiligungen kommen, wenn z. B. der Auftraggeber auf einem bestimmten Lebensalter beharrt und daher diejenigen, die dieses Kriterium nicht erfüllen, ablehnt.

In jeder Eignungsuntersuchung werden personenbezogene Daten erhoben, verarbeitet oder genutzt. Nach § 11 Absatz 1 Satz 1 BDSG ist der Auftraggeber für die Einhaltung der datenschutzrechtlichen Vorschriften verantwortlich, insbesondere für die Zulässigkeit der Verarbeitung und Nutzung personenbezogener Daten, die Wahrung der Rechte der Bewerber sowie die Einhaltung der nach § 9 BDSG erforderlichen Datensicherungsmaßnahmen.

Nach § 11 Absatz 3 BDSG darf der Auftragnehmer/Dienstleister die Daten nur im Rahmen der Weisungen des Auftraggebers verarbeiten oder nutzen. Er hat den Auftraggeber jedoch unverzüglich darauf hinzuweisen, wenn er der Ansicht ist, dass eine Weisung gegen datenschutzrechtliche Vorschriften verstößt.

Da die endgültige Personaleinstellungsentscheidung dem Auftraggeber obliegt, sei nur beispielhaft auf § 7 (2) des Gesetzes zur „Gleichstellung von Frauen und Männern für das Land Nordrhein-Westfalen und zur Änderung anderer Gesetze" (LGG) vom 9. November 1999 verwiesen: „Bei gleicher Eignung,

Befähigung und fachlicher Leistung sind Frauen bei Begründung eines Arbeitsverhältnisses bevorzugt einzustellen, soweit in dem Zuständigkeitsbereich der für die Personalauswahl zuständigen Dienststelle in der jeweiligen Gruppe der Arbeitnehmerinnen und Arbeitnehmer weniger Frauen als Männer sind, sofern nicht in der Person eines Mitbewerbers liegende Gründe überwiegen."

Beim Auftragnehmer ist die Aufklärungspflicht besonders zu betonen. Vor Beginn der Eignungsuntersuchung ist den Bewerbern Zweck und Ziele der Untersuchung darzustellen und zu erklären, was auf sie zukommt. Diese Aufklärung – die allerdings dort ihre Grenzen hat, wo sie zu Verfälschungen der Ergebnisse führen könnte – ist notwendig, damit

- eine echte Einwilligung erfolgen kann, die voraussetzt, dass der Bewerber Inhalte, Bedeutung und Tragweite der Untersuchungssituation erkennt,
- der Bewerber sich nicht als Objekt einer „Geheimwissenschaft" erleben muss,
- ihm verdeutlicht wird, dass die Auslese nur für die ausgeschriebene Tätigkeit vorgenommen wird und nichts über seine Eignung für andere Tätigkeitsfelder aussagt.

Kandidaten sind „über Ziele und Funktion der Eignungsuntersuchung, ihren Ablauf und ihre Dauer sowie über mitwirkende Personen und deren Funktion zu informieren. Ebenso sind Kandidaten darüber aufzuklären, wie die Verfahrensergebnisse verwendet werden sowie wer von ihnen Kenntnis erlangt und in welcher Form und wie lange sie aufbewahrt werden. Dabei sind die Kandidaten über die Einhaltung der Datenschutzbestimmungen zu informieren. Es muss die Einwilligung der Kandidaten in die Eignungsuntersuchung vor dem Hintergrund dieser Informationen sowie die Zustimmung zur Weitergabe der Verfahrensergebnisse eingeholt werden." (Kap. 6.2 der DIN 33430).

7 Make or buy? Anbieter bewerten, Ausschreibungen vornehmen und Verfahren nutzen

Im Alltag stellt sich in Organisationen regelmäßig die Frage, ob man die Instrumente und Methoden, die im Auswahlprozess genutzt werden, selbst entwickelt oder ob man sich von geeigneten Dienstleistern unterstützen lässt.

Die Norm stellt den Prozess und die Instrumente der Eignungsdiagnostik unabhängig davon dar, ob interne oder externe Dienstleister involviert sind. Im informativen Anhang C macht sie Vorschläge für die Gestaltung von Ausschreibungen. Anlass, diesen Anhang zu formulieren, war, dass die Resonanz auf die DIN 33430:2002-06 im öffentlichen Sektor gut war und ist und zunehmend auch Unternehmen dazu übergehen, bei eignungsdiagnostischen Fragestellungen Ausschreibungen vorzunehmen. Allerdings tragen diese Ausschreibungen häufig nicht zur Qualität der gewünschten eignungsdiagnostischen Dienstleistung bei, wie das folgende Praxisbeispiel einer Ausschreibung für ein Online-Assessment illustrieren soll.

PRAXISBEISPIEL

Negativbeispiel einer wenig qualitätsfördernden Ausschreibung

Ein Unternehmen hatte die Zuschlagskriterien in der Ausschreibung eines Online-Assessments für Nachwuchstalente folgendermaßen qualifiziert:

60 % Preis

40 % Qualität, aufgeteilt in: 20 % (bzw. die Hälfte von 40 %) Usability für die Rekruter, 10 % (bzw. ein Viertel von 40 %) Usability für die Kandidaten und 10 % (ein letztes Viertel von 40 %) Aussagekraft des zugrunde liegenden messtheoretischen Ansatzes.

Solche Zuschlagskriterien beinhalten, unabhängig von den an anderer Stelle gemachten Ausführungen zu Spezifikationen oder Vorgaben, die eindeutige Botschaft: Je billiger desto besser und wenn sich das Verfahren gut anfühlt und für die Rekruter leicht zu administrieren ist, dann ist es fast egal, ob die Ergebnisse aussagekräftig sind.

Grundsätzlich gibt es viele unterschiedliche Herangehensweisen bei der Vorbereitung von Personalentscheidungen. Häufig werden zur Eignungsdiagnostik nur Interviews geführt. Oftmals ganze Serien von Interviews, zuerst mit einem Vertreter der Personalabteilung, dann mit der Fachabteilung, dann mit einem Vorgesetzten und dann noch einmal mit einem Auswahlgremium und/oder mit

Vertretern des Personal- oder Betriebsrates. Oder man sitzt als Bewerber gleich einer ganzen Reihe von Personen gegenüber. In Behörden trifft man häufig auf eine Delegation aus dem verantwortlichen Vorgesetzten, einem Kollegen der Personalabteilung, dem Vertreter des Personalrates, der Gleichstellungsbeauftragten, dem externen Moderator und dem Protokollanten.

Dann gibt es Vorgehensweisen, bei denen messtheoretisch fundierte Verfahren oder Arbeitsproben integriert sind und schließlich das berühmte Assessment-Center, das aber keine eigene methodische Definition hat, sondern ein Format darstellt, in welchem unterschiedliche Instrumente und Verfahren in einem Termin sukzessive von einer Reihe von Kandidaten absolviert werden, die von unterschiedlichen Beobachtern und Moderatoren begleitet werden.

Bei Interviews wird es in den meisten Fällen sinnvoll sein, die Entscheidung „make" zu treffen. Wenn im Vorfeld die Anforderungen systematisch erfasst und zur Konstruktion des Interviews genutzt wurden, ist eine gute Qualitätsbasis geschaffen. Die Vorgaben und Empfehlungen der Norm sind natürlich auch für die Konstruktion eines guten Interviewleitfadens und das gesamte Vorgehen bis zur endgültigen Eignungsbeurteilung nützlich.

> **PRAXISBEISPIEL**
>
> **Interne Entwicklung eines maßgeschneiderten Interviewprozesses**
>
> Ein maßgeschneidertes Vorgehen beim Interview wurde von den Kollegen der Personalabteilung auf der Basis von Anforderungen abgeleitet, die Anforderungen wurden inhaltlich/thematisch gegliedert und es wurden offene Fragen zu jedem Thema formuliert. Darüber hinaus wurden maßgeschneiderte situative Übungen und Fragen aus typischen erfolgskritischen Arbeitssituationen abgeleitet. Das Vorgehen trug enorm zur Akzeptanz der Vorgehensweise im Unternehmen bei und stärkte das Ansehen der Business-Partner, auch durch die enge Zusammenarbeit mit den Linienvorgesetzten zur Entwicklung der Aufgabenstellungen. Die Linienvorgesetzten gaben das Feedback, dass sie sich vorher noch nie so intensiv mit den Business-Partnern ausgetauscht hatten und dass die Suche nach und gemeinsame Identifikation von erfolgskritischen Verhaltensweisen und typischen Arbeitssituationen auch dazu geführt hatte, dass sie selbst intensiv ihre Anforderungen reflektiert und zum Teil revidiert hatten.

Beim Einsatz von Leistungstests und anderen messtheoretisch fundierten Verfahren ist jedoch grundsätzlich zu empfehlen, sich für einen professionellen Dienstleister zu entscheiden.

Erstens werden die wenigsten Unternehmen die Ressourcen haben, jeden Entwicklungsschritt eines messtheoretisch fundierten Verfahrens selbst durchzuführen. Das wäre ein viel zu großer Aufwand. Erst nach Jahren wüsste man darüber hinaus, ob die Gütekriterien erfüllt sind. Es ist der große Vorteil von standardisierten Verfahren, dass die Erfahrungen von vielen Jahren in sie schon eingeflossen sind und die einen sich bewährt haben und die anderen nicht.

Zweitens wird eine Organisation immer nur die eigenen Bewerber als Stichprobe für ein selbst entwickeltes Verfahren haben. Das schränkt aber den Nutzen eines solchen Tests deutlich ein. Ein Test, der nur an einer eigenen Bewerberpopulation normiert ist, institutionalisiert sozusagen die Betriebsblindheit. Er macht es unmöglich abzuschätzen, wie die eigenen Bewerber im Vergleich zu einer allgemeinen Bewerberpopulation abschneiden.

Das Angebot an messtheoretisch fundierten Verfahren ist jedoch breit bis unübersichtlich, es gibt mehrere alternative Ansätze unterschiedlicher Dienstleister.

Das Caféteria-Prinzip bezeichnet im Prinzip das Anbieten einer großen Anzahl von Einzeldimensionen, die sich der Auftraggeber selbst zusammenstellen kann. Entweder unter Anleitung des Dienstleisters oder ganz eigenständig.

Dem stehen verschiedene Angebote von vorkonfektionierten Testbatterien gegenüber, die jeweils nach einem anbieterspezifischen Ansatz zusammengestellt sind. Im Idealfall decken diese Basis- oder Schlüsselkompetenzen ab, die in unterschiedlichsten Positionen wichtig sind.

Ergebnisse wissenschaftlicher Untersuchungen zur Vorhersagequalität von unterschiedlichen Dimensionen geben Anhaltspunkte dazu, welche Messgrößen sich konsequent als nützlich bei der Prognose von Leistung herausgestellt haben und welche nicht. Als Schlüsselqualifikation für fast alle Tätigkeiten und Aufgaben haben sich in vielen Studien und Untersuchungen und auch in zusammenfassenden Untersuchungen, sogenannten Metaanalysen, Intelligenzmaße herausgestellt. Oft wird Intelligenz auch als General Mental Ability oder Informationsverarbeitungskapazität bezeichnet. Diese Ergebnisse sind so konsistent und eindeutig, dass man heute als erwiesen ansehen kann, dass Intelligenz für sich allein genommen als stärkster Prädiktor für Arbeitsleistung nachgewiesen ist (Hunter & Schmidt, 1996; Kramer, 2009; Salgado & Anderson, 2003). Hülsheger & Maier (2008) haben darüber hinaus auch darauf hingewiesen, dass andere Versuche, Prädiktoren mit einer breiten Gültigkeit zu identifizieren, die auf den Big Five (klassischer Begriff, der die Dimensionen „Gewissenhaftigkeit", „Verträglichkeit", „Offenheit", „Extraversion-Introversion" und „Neurotizismus" zusammenfasst) basieren, weitgehend nicht erfolgreich waren. Die Untersuchungen zeigen, dass nur für die Dimension

Gewissenhaftigkeit eine wenn auch nur geringe Voraussagekraft nachgewiesen werden konnte, aber ansonsten für keine der anderen vier Dimensionen der Big Five. Diese Erkenntnisse sollten unbedingt bei der Planung von Eignungsentscheidungen sowie bei der Auswahl von Verfahren und Dienstleistern berücksichtigt werden.

Wenn die eigene Prüfung der Qualität eines Anbieters für ein Unternehmen zu schwierig oder zu aufwändig erscheint, kann man von den Anbietern Eigenerklärungen zur Konformität mit der DIN 33430 verlangen oder entsprechende Zertifikate zur Normkonformität. Dabei ist zu beachten, dass die Norm so geschrieben ist, dass sämtliche Muss-Vorgaben im Normtext und in den entsprechenden Anhängen auch als Muss-Vorschriften gemeint sind. Der teilweise zu beobachtenden Zertifizierungspraxis, bereits beim Vorliegen eines bestimmten Prozentsatzes an normativen Forderungen die DIN-33430-Konformität zu bestätigen, muss eine klare Absage erteilt werden. Wer würde bspw. seinen PKW nach einer Werkstattinspektion wieder verwenden, wenn ihm der Händler mitteilt, 60 Prozent der sicherheitsrelevanten Mängel seien behoben worden?!

Der folgende Anhang C der Norm ist bewusst auf einem hohen Konkretisierungsgrad formuliert, da er der unmittelbaren Umsetzung in der Praxis dienen soll. Damit bedarf er keiner weiteren spezifischen Kommentare.

Anhang C
(informativ)

Hinweise für die Ausschreibung eignungsdiagnostischer Prozesse und Verfahren unter Beachtung der DIN 33430

C.1 Allgemeines

C.1.1 Die DIN 33430 regelt als Dienstleistungsnorm die fachgerechte Durchführung des eignungsdiagnostischen Vorgehens. In der Norm werden unter anderem Anforderungen an die Qualifikation der an der Eignungsbeurteilung beteiligten Personen, an die einzelnen Prozessschritte, an die eingesetzten Verfahren sowie Anforderungen an die Dokumentation erläutert. Es reicht für eine leistungsfähige eignungsdiagnostische Vorgehensweise bspw. nicht aus, dass der verantwortliche Eignungsdiagnostiker die in der Norm formulierten Qualifikationsanforderungen erfüllt. Ebenso kann ein einzelnes eignungsdiagnostisches Verfahren nicht isoliert betrachtet werden. Die Qualität der eignungsdiagnostischen Vorgehensweise entsteht erst aus dem Zusammenwirken aller Faktoren, wie sie in dieser Norm dargestellt sind. Daher kann die Anwendung dieser Norm bei Ausschreibungen die Leistungsfähigkeit der Personalarbeit verbessern.

C.1.2 Wegen des – nach dieser Norm – Prozesscharakters der Eignungsdiagnostik sind isolierte Forderungen in Ausschreibungen wie z. B. „Die für die Bewerberauswahl eingesetzten Verfahren sollen der DIN 33430 entsprechen" nicht sachgerecht. Angemessen wäre z. B. „Der Prozess der Bewerberauswahl soll nach DIN 33430 gestaltet werden".

C.1.3 Der Einsatz eignungsdiagnostischer Verfahren kann immer nur im Kontext ihrer Anwendung bewertet werden, also bezüglich ihres Beitrags im Rahmen des jeweiligen eignungsdiagnostischen Prozesses. Es dürfen nur Verfahren eingesetzt werden, zu denen Handhabungshinweise vorliegen (siehe Anhang A). Messtheoretisch fundierte Fragebögen und Tests müssen darüber hinaus den in Anhang B formulierten Anforderungen an Verfahrenshinweise genügen. Die Erfüllung dieser Anforderungen ist eine notwendige aber keine hinreichende Bedingung für den Einsatz solcher Verfahren. Eine unabhängig von der jeweiligen vorgesehenen Verwendung beurteilte Leistungsfähigkeit solcher Verfahren kann für sich allein keine ausreichende Basis für Vergabeentscheidungen darstellen.

ANMERKUNG Aus diesem Grund verstoßen generalisierende Aussagen, dass ein Verfahren zur Eignungsbeurteilung der DIN 33430 entspricht, gegen die Grundsätze dieser Norm.

C.1.4 Ob ein angebotenes eignungsdiagnostisches Vorgehen insgesamt nach DIN 33430 gestaltet ist, kann nur mit fundiertem Fachwissen bewertet werden, da dies von vielen unterschiedlichen Aspekten und ihren Wechselwirkungen abhängt (siehe z. B. 3.1, 3.2, Abschnitt 4, Abschnitt 5, Abschnitt 6). Bei der Beurteilung der Wirtschaftlichkeit eines Angebots spielt auf Grund der hohen Folgekosten personeller Fehlentscheidungen die Aussagekraft der Ergebnisse des eignungsdiagnostischen Prozesses eine sehr hohe Rolle. Deswegen sollte die Qualität der angebotenen Leistungen gegenüber dem Preis bei der Entscheidung entsprechend stark gewichtet werden.

C.2 Gestaltungshinweise zur Ausschreibung von Prozessen

C.2.1 Werden Angebote zur Gestaltung eignungsdiagnostischer Prozesse nach DIN 33430 eingeholt, sollte die Ausschreibung mindestens enthalten:

a) Informationen zur Zielgruppe und zum Mengengerüst;

BEISPIEL Anzahl erwarteter Bewerbungen, eventuelle Vorgaben für die Anzahl der in den einzelnen Prozessschritten aufzunehmenden Personen, Anzahl der angestrebten Stellenbesetzungen

b) Informationen zu den Ansprechpartnern und Verantwortlichen für die Prozesssteuerung beim Auftraggeber sowie deren Endkunden;

BEISPIEL Drei Gebietsverkaufsleiter, die vor Ort ihre Vertriebsmitarbeiter gemeinsam mit einem Business Partner aus der Personalabteilung auswählen

c) Informationen, die eine erste, vorläufige Abschätzung relevanter Eignungsmerkmale (siehe 2.8) ermöglichen;

d) Informationen zum fachlichen Kontext und den Zielen des Prozesses.

BEISPIEL Recruiting (Screening, Vorauswahl, Entscheidungsergänzung), Gewinnung von leistungsfähigeren Mitarbeitern, Verringerung unerwünschter Fluktuation, Hinweise für eine optimale Förderung der Mitarbeiter; Erhöhung der Leistungsfähigkeit von Teams, höhere Akzeptanz und Transparenz bei internen Stellenbesetzungen, gezielte Nachfolgeplanung, Kostensenkung/Prozessoptimierung gegenüber dem aktuellen Vorgehen usw.

C.2.2 Auf Grundlage von C.2.1 sollten mindestens zu folgenden Punkten Aussagen des Bieters/Auftragnehmers einschließlich einer fachlich nachvollziehbaren Begründung verlangt werden:

a) Qualifikationen der fachlich Verantwortlichen, die für die fachlichen Aussagen im Angebot und für die spätere Prozessgestaltung zuständig sind (siehe 9.2);

b) Art der geplanten Anforderungsanalyse zur Konkretisierung der zu erfassenden Eignungsmerkmale und ihrer erforderlichen Ausprägungsgrade (siehe 3.2);

c) Darstellung, mit welchen eignungsdiagnostischen Verfahren die Erfassung der erforderlichen Eignungsmerkmale erfolgen sollen (siehe Abschnitt 4);

d) Beschreibung der vorgesehenen Verfahren (siehe Abschnitt 5);

e) Ablauf des diagnostischen Vorgehens (Reihenfolge der Datenerhebungen, Zwischen- und Endentscheidungen, siehe 3.3, 6.1 und 6.2);

f) Vorgehen bei der Erstellung der expliziten Regeln zur Eignungsbeurteilung (für alle Zwischen- und Endentscheidungen, siehe 6.3 und 6.4);

g) Vorgehen zur Information der Kandidaten über ihre Ergebnisse (siehe 6.4);

h) Aufarbeitung der erhobenen Informationen für die Personen, die Zwischen- und Endentscheidungen zu treffen haben (siehe 6.5 und Abschnitt 7);

i) Vorgehen zur Sicherstellung der erforderlichen Kenntnisse bei Beobachtern und anderen Mitwirkenden (siehe 5.3.2 und Abschnitt 9 insbesondere 9.3);

j) Vorgehen zur fortlaufenden Überprüfung und Aktualisierung aller Prozessteile für alle sich regelmäßig wiederholenden Prozesse (siehe Abschnitt 8).

Die Prüfung der fachlichen Qualität der zu diesen Punkten vom Bieter gemachten Aussagen erfordert eine entsprechende fachlich fundierte Beurteilung.

Wird vom Anbieter ein von ihm bereits an anderer Stelle eingesetzter Prozess angeboten, sollte geprüft werden, ob dieser auch für den aktuellen Anwendungsfall angemessen ist. Die Vorlage eines Zertifikats für diesen Prozess kann die Prüfung der Übertragbarkeit nicht ersetzen. Überdies sollte bei solchen Zertifikaten geprüft werden, ob die Anforderungen der DIN 33430 vollständig oder nur zu einem bestimmten Prozentsatz erfüllt sind. Insbesondere sollten die nicht erfüllten Anforderungen der Norm im Einzelnen aufgeführt sein und deren Relevanz für den ausgeschriebenen Prozess beurteilt werden.

C.3 Gestaltungshinweise zur Ausschreibung von eignungsdiagnostischen Verfahren

C.3.1 Werden Angebote für die Durchführung oder Bereitstellung von eignungsdiagnostischen Verfahren (etwa Interviews, Assessment-Center, Tests) im Rahmen eines bereits feststehenden eignungsdiagnostischen Prozesses eingeholt, sollte die Ausschreibung mindestens folgende Informationen beinhalten:

a) Informationen zum fachlichen Kontext und den Zielen des Prozesses (siehe C.2.1 d));

b) Ablauf des Auswahlprozesses (siehe C.2.2 e));

c) Ergebnisse der durchgeführten Anforderungsanalyse und Angaben darüber, welche Aspekte davon mit den anzubietenden Verfahren erfasst werden sollen.

C.3.2 Auf Grundlage von C.3.1 sollten mindestens zu folgenden Punkten Aussagen des Bieters einschließlich einer fachlich nachvollziehbaren Begründung verlangt werden:

a) Beschreibung der vorgeschlagenen Verfahren (siehe C.3.2 b));

b) Aussage, ob die Art der über diese Verfahren verfügbaren Informationen den Forderungen der DIN 33430 entspricht (siehe Anhang A und Anhang B) und ob die Bereitstellung dieser Informationen für eine fachliche Prüfung der eingesetzten Verfahren noch vor Auftragserteilung zugesichert wird;

c) Aussagen, warum nach Meinung des Bieters/Auftragnehmers die vorgeschlagenen Verfahren bezüglich ihrer Messeigenschaften und ihrer Aussagekraft geeignet sind, die in der Ausschreibung genannten Eignungsmerkmale zu erfassen (siehe Abschnitt 6, Anhang A und Anhang B) und ggf. weitere in der Ausschreibung genannte Anforderungen an die Verfahren erfüllen (z. B. Erfüllen von Fairness- und Akzeptanzaspekten);

ANMERKUNG Eine Überprüfung dieser Aussagen ist immer nur im jeweiligen Kontext der Anwendung möglich (siehe C.1.3 und C.2.2);

d) Aussagen, wie die Ergebnisse der Verfahren im Rahmen des vorgegebenen Prozesses für Zwischen- und Endentscheidungen verwendet werden können (siehe C.2.2 h));

e) Aussagen, welche Qualifikationen die am Verfahren mitwirkenden Personen des Auftraggebers (etwa als Beobachter mitwirkende Führungskräfte) benötigen (siehe C.2.2 i)) und wie diese Qualifikationen gegebenenfalls vermittelt und überprüft werden;

f) Angaben zu Art und Umfang der fortlaufenden Pflege der vorgeschlagenen eignungsdiagnostischen Verfahren (siehe Anhang A und Anhang B).

Bei Angeboten ist zu beachten, dass die in den Abschnitten C.2.2 bzw. C.3.2 genannten Punkte aufeinander aufbauen und daher die sachgerechte Bewertung einer angebotenen Leistung und deren normgerechten Durchführung nur möglich ist, wenn Aussagen zu allen diesen Punkten vorliegen.

8 Implementierung

Eine valide Personalauswahl- und darauf aufbauende Einstellungsentscheidungen und Personalentwicklungsprozesse sind Grundvoraussetzung für eine erfolgreiche strategische Unternehmensentwicklung. Dabei ist es unter anderem wichtig, Mitarbeiterpotenziale im Rahmen einer systematischen und qualitativ hochwertigen Personalauswahl und -entwicklung gezielt im Hinblick auf die strategischen Schlüsselkompetenzen eines Unternehmens zu fördern. Eine zuverlässige Kompetenz- und Potenzialbeurteilung kann als Grundstein für die weitere Entwicklung und Förderung dieser Schlüsselkompetenzen betrachtet werden. Dies erfordert zuverlässige Prozeduren, die Kompetenzen und Potenziale von Bewerbern und Mitarbeitern mit hoher Treffsicherheit an den gegebenen Anforderungen messen. Eine qualitativ hochwertige Personalbewertung wird durch einen optimalen Mix an entsprechenden Personalauswahl-Instrumenten erreicht, deren Güte im Einzelnen und in ihrer Gesamtheit anhand der DIN 33430 sichergestellt werden kann.

Wenn Sie als Leser beabsichtigen, eignungsdiagnostische Vorgehensweisen im Sinne dieser Norm in Ihr Unternehmen zu implementieren, ist es lohnenswert, sich einige vorbereitende Gedanken zu machen und sich ein paar Fragen zu stellen.

Der erste Schritt besteht in der Betrachtung der eigenen Unternehmensstrategie und der damit verbundenen Unternehmens- und Führungskultur: Spielt der Leistungsgedanke im Unternehmen eine zentrale Rolle? Ist es wirklich ein konstruktiver Leistungsgedanke im Sinne eines gemeinsamen Ziels oder befinden sich intern eher alle im Wettbewerb? Zählt der Leistungsbeitrag des Einzelnen etwas in der gesamten Wertschöpfungskette? Ist dieser individuelle Beitrag im Unternehmensalltag verankert?

Um diese Fragen zu beantworten, kann es z. B. aussagekräftig sein, worüber sich die Kollegen im Flur und an der Kaffeemaschine unterhalten: Sprechen sie neben Fußball, Kindern und anderen privaten Themen über Status, Karriere und die Fehler der Chefs, oder tauschen sie sich über arbeitsrelevante Sachinhalte und aktuelle inhaltliche Themen aus?

Wenn der Leistungsgedanke oder eine Problemlösehaltung ein Element in der Kultur Ihres Unternehmens sind, dann gibt es auch Leistungsmaße für die Personalmanagementprozesse, die sich daraus ableiten lassen. Stellen Sie sich die Frage, zu welchen Leistungsmaßen eine optimale und durch die DIN 33430 unterstützte Personalauswahl und darauf aufbauende Personalentwicklung etwas beiträgt, so können folgende zwei Gesichtspunkte bei dieser Betrachtung helfen:

a) Auswirkungen auf das Ergebnis: Das heißt, dass die Eignungsbeurteilungen und die resultierenden Personalentscheidungen besser werden mit den entsprechenden Folgen für die Leistungsmaße im Unternehmen.
b) Auswirkungen auf die internen Prozesse: Sie können gestrafft werden, zügiger vonstattengehen.

Die positiven Auswirkungen auf das Ergebnis und die internen Prozesse bieten wiederum eine Reihe von Vorteilen sowohl aus Arbeitgeber- als auch aus Bewerber- und Mitarbeiterperspektive:

Nutzen aus Arbeitgeberperspektive:

Erhöhung der Sicherheit und Qualität bei Personalentscheidungen und bei der Besetzung von Schlüsselpositionen; die DIN 33430 als Rahmen für Qualitätsmanagement und Chancengleichheit und in Folge davon:

- Kosten- und Nutzenoptimierung durch erhöhte Entscheidungssicherheit und die Verringerung von Fehlentscheidungen
- Bindung und Motivation der Mitarbeiter
- Sicherstellung von einheitlichen Entscheidungsmaßstäben und transparenten Entscheidungswegen, Sicherstellung der Fairness gegenüber allen Mitarbeitern
- Aufzeigen von Entwicklungsperspektiven für Mitarbeiter
- Auf- und Ausbau einer positiven Arbeitgebermarke

Nutzen für Bewerber/Mitarbeiter:

Objektivität und Chancengleichheit in allen Personalauswahl- und Personalentwicklungsprozessen; die DIN 33430 wirkt als Rahmen für Qualitätsmanagement und Chancengleichheit und damit fördert sie:

- Berufliche Entscheidungssicherheit und gezielte persönliche (Weiter-)Entwicklung durch Entfaltung eigener Befähigungen und Potenziale
- Qualitatives Feedback & neue Blickwinkel für Bewerber/Mitarbeiter
- Erkennen weiterführender Perspektiven bezüglich der eigenen beruflichen Zukunft
- Erhöhte Mitarbeiterzufriedenheit durch optimierten und transparenten Personaleinsatz im Hinblick auf Stimmigkeit von Anforderungen, Befähigungen und Potenzialen

Um neben den vielfältigen Nutzenargumenten den konkreten Anknüpfungspunkt für die Implementierung im Unternehmen zu finden, macht es Sinn, nach Verbündeten zu suchen, die bereits erlebt haben, dass getroffene Personalentscheidungen nicht zu den gewünschten Ergebnissen geführt hatten. In Bereichen, in denen alle überzeugt sind, dass sie immer die besten Mitarbeiter einstellen, macht es wenig Sinn anzufangen. Es macht Sinn, dort zu starten, wo jemand bereits eine Wahrnehmung hat, dass die Auswahl und Neueinstellung von Mitarbeitern besser funktionieren könnte.

Start und erster Anknüpfungspunkt könnte auch der eigene Verantwortungsbereich sein. Nach dem Motto „Wenn Du etwas ändern möchtest, fang bei Dir selbst an und gehe mit gutem Beispiel voran!" Im Vertrauen darauf, dass besonders gute Auswahl zu besonders leistungsstarken Mitarbeitern führt und dadurch besonders gute Leistung möglich wird, kann es durchaus gelingen, die Effekte guter Eignungsdiagnostik direkt zu demonstrieren und dadurch Nachahmer zu gewinnen.

Nach Überzeugung der Kommentatoren kann jedes Unternehmen von einem Prozess der Eignungsbeurteilung für die Personalauswahl und Personalentwicklung, der sich an der DIN 33430 orientiert, profitieren. Dabei sollte im Rahmen einer an der Unternehmensstrategie ausgerichteten Personalstrategie gemeinsam mit allen Personalentscheidern und an der Eignungsbeurteilung beteiligten Führungskräften und Experten erarbeitet werden, was genau implementiert werden soll.

Die Anwendung der DIN 33430 kann sich auf den Prozess insgesamt beziehen oder sich auf Verfahren wie in Kommentar-Kapitel 4.2 beschrieben konzentrieren. Insgesamt resultiert ihre Anwendung darin, dass man nicht irgendeinen Test nimmt, nicht irgendein Interview durchführt, sich nicht irgendwie durch die Fragestellungen und Anforderungen kämpft, sondern dass die gesamte an die DIN 33430 angelehnte Eignungsbeurteilung im Rahmen einer Personalstrategie als Qualitätsmanagement verstanden wird und man so bezüglich aller unternehmensweit anzuwendenden, eignungsdiagnostischen Instrumente Qualitätsstandards festlegt.

Literaturverzeichnis

Literaturhinweise (aus DIN 33430:2016-07)

[1] Deutsche Gesellschaft für Psychologie, (Hrsg.). (2007). Richtlinien zur Manuskriptgestaltung (3. überarbeitete und erweiterte Aufl.). Göttingen: Hogrefe.

[2] International Test Commission (ITC) (2005). *International Guidelines on Computer-Based and Internet Delivered Testing [Internationale Richtlinien für computerbasiertes und internetgestütztes Testen – Deutsche Fassung 2012 autorisiert durch die Föderation Deutscher Psychologenvereinigungen]*. Zugriff am 04.11.2013, http://www.intestcom.org/Guidelines/Translations+of+Guidelines.php.

[3] Wilkinson, L. & APA Task Force on Statistical Inference. (1999). Statistical methods in psychology journals: Guidelines and explanations.

Hülsheger, U. R. & Maier, G. W. (2008). *Persönlichkeitseigenschaften, Intelligenz und Erfolg im Beruf. Eine Bestandsaufnahme internationaler und nationaler Forschung.* Psychologische Rundschau, 59(2), 108–122.

Hunter, J. & Schmidt, F. (1996). *Intelligence and Job Performance: Economic and Social Implications.* Psychology, Public Policy and Law, 2(3/4), 447–472.

Hunter, J. & Schmidt, F. (1998). *The Validity and Utility of Selection Methods in Personnel Psychology: Practical and Theoretical Implications of 85 Years of Research Findings.* Psychological Bulletin, 124(2), 262–274.

International Test Commission (ITC) (2005). *International Guidelines on Computer-Based and Internet Delivered Testing [Internationale Richtlinien für computerbasiertes und internetgestütztes Testen – Deutsche Fassung 2012 autorisiert durch die Föderation Deutscher Psychologenvereinigungen]*. Zugriff am 04.11.2013, http://www.intestcom.org/Guidelines/Translations+of+Guidelines.php.

Kersting, M. (2011). *Managementdiagnostik: Verfahren und Qualitätsaspekte.* In: C. Niedereichholz, J. Niedereichholz & J. Staude (Hrsg.). Handbuch der Unternehmensberatung. Organisationen führen u. verwalten. (Kz. 3960, S. 1–18). Berlin: Erich Schmidt Verlag.

Kramer, J. (2009). *Metaanalytische Studien zu Intelligenz und Berufsleistung in Deutschland.* Dissertation, Universität Bonn, Deutschland.

Lienert, G., & Raatz, U. (1998). *Testaufbau und Testanalyse.* Weinheim: Beltz.

Sackett, P. R. & Dreher, G. F. (1982). *Constructs and assessment center dimensions: Some troubling empirical findings.* Journal of Applied Psychology, 67, 401–410.

Salgado, J. F. & Anderson, N. (2003). *Validity generalization of GMA tests across countries in the European Community.* European Journal of Work and Organizational Psychology, 12, 1–17.

Schuler, H. (1989). *Leistungsbeurteilung.* In Enzyklopädie der Psychologie. Organisationspsychologie (Bd 3). Göttingen. Hogrefe.

Schuler, H. (2014). *Psychologische Personalauswahl: Eignungsdiagnostik für Personalentscheidungen und Berufsberatung* (4. Auflage). Göttingen: Hogrefe.

Schuler. H. & Marcus, B. (2004). *Leistungsbeurteilung.* In Enzyklopädie der Psychologie. Organisationspsychologie – Grundlagen und Personalpsychologie. Bd. 3. Göttingen: Hogrefe.

Abbildungsverzeichnis

Abbildung 1: Gliederung des Kommentars zur DIN 33430 2
Abbildung 2: Gliederung der Norm DIN 33430 3
Abbildung 3: Alpha- und Beta-Fehler im Auswahlprozess 33
Abbildung 4: Beispielhafter Ablauf – Auswahl von Auszubildenden 120
Abbildung 5: Beispielhafter Ablauf – Potenzialanalyse zur Aufnahme in einen Nachwuchsführungskräfte-Entwicklungspool 121
Abbildung 6: Beispielhafter Ablauf – Auswahl von Spezialisten für eine Position, für die ein sogenannter „Fachkräftemangel" besteht 122
Abbildung 7: Beispielhafter Ablauf – Internationale Bewerber aus unterschiedlichen Ländern für eine Spezialisten-/ Führungsfunktion in Deutschland 123
Abbildung 8: Beispielhafter Ablauf – Besetzen einer CEO-Position 124
Abbildung 9: Beispielhafter Ablauf – Kompetenz- & Potenzialanalyse der ersten und zweiten Führungsebene vor einer geplanten Reorganisation 125

Stichwortverzeichnis

A
Anforderung 14, 23, 30, 31, 115
Anforderungsanalyse 11, 17, 23, 25, 34
Anforderungsprofil 23, 30
Arbeitsprobe 87, 103, 109
Arbeitszeugnis 52, 53
Assessment-Center 112, 113, 135
Auftraggeber 17, 147
Auftragsklärung 17, 18
Auswahl 1, 4

B
Basisrate 20
Beobachter 10, 154, 159
Bewerbungsschreiben 47, 51, 53
Bewerbungsunterlagen 35, 48, 51
Business-Partner 18

C
computerbasiertes Verfahren 83
computergestütztes Verfahren 57

D
Datenschutz 43, 85, 162
Datensicherheit 43
Development-Center 112
Diagnostiker 149, 151
Dienstleister 10, 17, 22, 148, 149, 164, 165
Dokumentenanalyse 36, 39, 47, 50, 53, 135, 158

E
Eignung 4, 25
Eignungsbeurteilung 6, 12, 18

Eignungsdiagnostik 7, 16, 25
Eignungsdiagnostiker 10, 150, 159
Eignungsmerkmal 25, 26, 58, 93, 104
Erfolg 31, 54, 67, 75, 146
Ergebniskennzahl 38
Evaluation 39, 143, 144, 145

F
Fairness 22, 43, 50, 59, 87, 140
Fehler 33, 136
Führungskräfte-Audit 112

G
Grundrate 20
Gültigkeit 42, 50, 58, 72, 74, 75, 76, 86
Gütekriterium 38, 56, 62, 72, 75

H
Handhabungshinweis 39, 40, 42, 46

I
Implementierung 172
Intelligenz 54
Intelligenztest 54
internetbasierter Leistungstest 122, 123
internetgestütztes Verfahren 83
Internetrecherche 49, 50, 53
Interview 39, 87, 89, 90, 91, 94, 97, 103, 120, 135
ISO 10667 7, 8
ISO 30405 16, 38

STICHWORTVERZEICHNIS

K
Kompetenz 9
Kompetenzmodell 9, 23, 116
Kosten-Nutzen-Verhältnis 21
Kriteriumsvalidierung 38

L
Lebenslauf 47, 51, 53
Leistung 25, 31, 54, 58, 67, 75, 146
Leistungsmerkmal 31, 58
Leistungstest 35, 39, 54, 68, 110, 120

M
Management-Appraisal 112, 113
Management-Audit 112, 113
messtheoretisch fundierter Test 55
messtheoretisch fundiertes Verfahren 57, 58, 60, 61, 62, 67, 72, 120, 165
Minderungskorrektur 78, 87
Motivation 24
multiple Regression 79

N
Norm 64, 70, 86
Normierung 57, 65, 66, 69, 86
Normierungsstichprobe 68
Normwert 69, 73

O
Objektivität 41, 50, 56, 72, 129, 132
Online-Recherche 135
Onlinetest 35, 36
Onlineverfahren 133

P
Personalauswahl 12, 16, 110
Personalbeschaffung 16
Personalentscheidung 5, 6
Persönlichkeitsfragebogen 39, 55, 68, 109, 110, 111
Persönlichkeitstest 110
Platzierung 1
Potenzial 9, 54
Prozesskennzahl 37

R
Reliabilität 28, 42, 57, 58, 60, 65, 86

S
Schulzeugnis 47, 51, 52
Screening 1, 123
Situational Judgement Tests 55
situative Frage 101
situatives Verfahren 87, 103, 105, 107, 109
situative Übung 120
Störanfälligkeit 59

T
Test 39, 43

U
Unverfälschbarkeit 59, 87

V
Validierung 67
Validierungsstudie 67, 77
Validität 16, 42, 58, 60, 65, 76
Validitätsgeneralisierung 80, 87
Verfahrenshinweis 39, 40
Verfahrenskonstruktion 64

W
Wirksamkeitsmaß 38

Z
Zertifizierung 77
Zuverlässigkeit 42, 50, 57, 72, 73